学术近知译丛
Academic Knowledge
逻辑与心灵系列

LOT 2：思维语言再探

LOT 2: THE LANGUAGE OF THOUGHT REVISITED

［美］杰瑞·艾伦·福多◎著

宋荣 宋琴 臧炎君◎译

人民出版社

谨以此书献给
安斯利、伊索贝尔和露辛达

致 谢

非常感谢布瑞恩·麦克劳林对本书前期手稿所给予的有价值的评论；同时，也想对安斯利、伊索贝尔和露辛达说声抱歉，这里只有两页留给你们。

目　录

1

PART II　心　灵

缩略语

AI	artificial intelligence	人工智能
CTM	computational theory of mind	心灵计算理论
EB	echoic buffer	回声缓冲器
FINST	finger of instantiation	实例化指法
HF	hypothesis formation	假说形成
IRS	inferential-role semantics	推理作用语义学
LF	logical form	逻辑形式
LOT	language of thought	思维语言
NP	noun phrase	名词短语
PA	propositional attitude	命题态度
PP	prepositional phrase	介词短语
PT	physicalist thesis	物理主义论题
RTM	representational theory of mind	心灵表征理论
STM	short-term memory	短时记忆
VP	verb phrase	动词短语

写作，写作，一直写作，像轮子一样旋转，像机器一样运转——明天，写作，后天，还要写作。假期来了，夏天来了，还在写作。这个可怜的家伙，究竟什么时候才能停下来休息休息？

伊万·冈察洛夫

　　到现在为止，已经三天两夜了，我还一直没有离开过我的桌子，也没有闭上过我的眼睛。……我既没吃东西也没睡觉。在我完成这篇文章之际，我甚至都没看一份报纸，这篇文章被发表后，它将在我们的这个领域内，而不仅仅在这里，引起轩然大波。整个文化界都正凝神屏气地关注着这场争论。这一次，我相信我已经成功地、彻底地使那些蒙昧主义者缄默不语了。这一次，他们将被迫同意一起说阿门，或者至少承认他们没什么可说的了，再或者承认他们已经失去了他们的辩护原由，他们的游戏结束了。……亲爱的，你会怎么想呢？

阿莫斯·奥兹

相关标记符号的说明

    我对标记符号的使用一直很随意，除非它看起来确实有产生歧义的可能性。在语境不能消除歧义或不利于消除歧义的地方，我通常遵循认知科学和心灵哲学中被广泛坚持的惯例：引号表示被提及而非被使用（语词"dog"运用于狗）、大写字母表示概念的名称（语词"cat"表达概念 CAT），斜体（中文改用着重号标记——译者注）表示被广泛理解的语义值，诸如意义、含义、指称物以及类似物等（语词"cat"指称猫；语词"cat"意指猫；语词"cat"表达是一只猫这样的属性）。毫无疑问，还会有残留的含糊其辞之处；但我希望没有任何一个论证依赖于这些说法。

PART I

概　念

1

导　言

这一切始于若干年前；早些年前我甚至比现在想得还要多。1975年，我 3
出版了一本名为《思维语言》（以下简称 *LOT*₁）的书。这未曾得到广泛关
注，就连普通的庆祝活动也未曾接踵而至，甚至也未曾在一个举国欢庆的日
子里正式宣布其出版。① 从那以后，随着它的出版商一个个被其继任者兼并，
*LOT*₁ 就像狄更斯小说中的孤儿一样，从一家出版商流落到另一家出版商。
这不打紧；在哲学领域，如果你的书还没有被削价处理，那么已经很好了。
正如在撰写本书时，*LOT*₁ 仍在售卖中 [来自哈佛大学出版社（仅平装版）]。
它偶尔也会卖出一两本复印版，可能是卖给怀旧的古书爱好者，这也许还只
是误打误撞。既然如此，*LOT*₁ 似乎可以如同我目前这个研究起点一样，有
一个好的起点，也就是谈论自那时以来发生了哪些变化，以及一些尚未改变
的事情。这个导言是对 *LOT*₁ 的一种批判性评论（仅有建设性的批评，这是
我一直以来的习惯），以及对本书后面几章中某些内容的前瞻性伏笔。

当我写 *LOT*₁ 的时候，（怀有某种满足感和满意度）我认为它并没有包
含一个新的想法。我曾相信（现在回想起来，这似乎是完全错误的），我的
研究工作仅仅是新闻报道式的：我正在写一篇文章，阐述一种我所认为的关

---

① 另一方面，我相当自豪地宣布，一位非常著名的心灵哲学家在他的领域最近50年来出版
的所有著作中，选择了 *LOT*₁ 作为他最希望看到被烧毁的作品。这是别人对我的作品说过
的最动听的话。

4   于心灵是如何运作的新兴的、跨学科的共识；当时刚刚开始的这个理论被称为"认知科学"。我想，如果幸运的话，认知科学可能会为行将消亡的行为主义提供一种真正的替代方案，尽管在当时行为主义是心理学和哲学中思考心灵的主流。在我看来，这似乎是一个虔诚的祈愿。这是因为尽管行为主义的方法和本体论在当时看起来令人印象深刻，但在实践中，它却已经使得对心灵的研究极其枯燥乏味。那时，我曾对自己说："如果我们不是行为主义者就好了，我们也许能想出一些关于心灵的、非常有趣的问题；其中一些问题甚至可能有相当有趣的答案。"① 但并非如此；无论这段旅程被证明是多么枯燥，其优势路径依然存在于严格遵守那些广泛被认为是有关"这种"科学方法的规定当中。② 但今昔皆同的是，打通这种优势路径的麻烦在于，它依旧淡然无趣。

因此，我认为，我将提出一种也许是新兴的替代方案：一种心理主义而非行为主义的认知科学。在这样做的过程中，我只是声称我的哲学界以外的诸多同事开始相信关于认知心灵的观点。在我看来当时就是这样。但现在我认为，我确实已经因这种范围模糊而深受其害。诚然，*LOT*1 的主要论题都是二手的。但是，尽管每一个论题都能在文献里的某处被找到，但却没有任何地方可以全部找到它们。我收集在一起的所有只言片语都得到了我的一些

5   同事的认可，但没有一个同事认为它们结合得很好。恰恰相反，他们中大部分人甚至讨厌这样的结合。现在这些人依然如故。或许根本没有形成所谓的共识。

仅举一个例子（后面还有很多）：在关于"命题态度"和命题态度解释

---

① 我记得一起读研究生时我和杰罗德·卡茨的一次谈话。我曾说过，斯金纳对心理学的看法是对的，这太糟糕了，因为倘若他错了，心理学家会有很多令人兴奋的事情要做。杰瑞的回应是，问我在学习过程中是否对哲学一无所知。这一反驳当时让我觉得很有说服力，现在仍然如此。

② 奇怪的是，我们当时认为只有一个。这些年来，我认识了许多科学家，我的印象是，像我们其他人一样，他们大多随着时间的推移而形成自己的方法论。我所理解的科学方法是：尽量不要说假话；尽量保持头脑清醒。

方面，*LOT*₁是超实在论的（hyper-realist）。当然，我认为，自亚里士多德以来，把信念和愿望归因于主体就已经能够很清晰地解释其行为，这就已经很清楚了。这是心理主义心理学的研究范式。我确实也曾隐隐约约地了解到，一些哲学家准备把信念和愿望仅作为解释性的虚构事物：像我们这样的生物表现得"仿佛"我们拥有它们，但这是一种幻觉，即对理论实体（无论是心理学中的理论实体还是一般的理论实体）持应有的怀疑态度，是我们推荐的解决之道。没有人会因为新的唯心主义而对本体论有所顾忌，因为工具主义（"信念和愿望只是托词；因此，其他一切都很可能是空谈"）将允许我们用一只手拿回我们用另一只手所给予的东西。但我觉得这如同欺骗，现在依然如此。无论好坏，人们接受的这些理论的本体论实际上都是为其所承诺的本体论。不管它是什么理论，喜欢它的代价就是要把它们糅合在一起。

再者，*LOT*₁中所认同的思维语言假说，并不是任何关于心理的老式超实在论；尤其它是一种RTM（即心灵表征理论）的类型。粗略地说，就目前的目的而言，RTM是关于认知心理状态和过程的形而上学主张：认知心理状态的标记①是生物与其心理表征之间关系的标记。② 心理过程的标记是"计算"；那就是，在心理表征上（典型地推理的）操作的因果链。不存在有关一个（认知的）心理状态或过程（经由一个生物在一个时刻生成）的任何个例标记，除非存在一个有关心理表征（经由那个生物在那个时刻生成）的相应个例标记。③

或许自柏拉图和亚里士多德以来，但明显的是，从笛卡尔和英国经验论者开始，在心理实在论者、超实在论者或其他学者当中，RTM已经成

6

---

① 我将毫不夸张地认为"类型"/"标记（token）"关系是理所当然的：类型是抽象的，其中标记是实例。想打喷嚏是一种事件类型；我现在想打喷嚏是这种类型的标记。这种形而上学可以处理得更高效，但我毫不怀疑，它的本质将比该过程更长久。

② 或者，如果你愿意，它们是生物及其心理表征和心理表征所表达的命题之间的关系。

③ 我不在乎，我也不明白为什么心理学应该这样做：命题态度的个例标记（tokening）是否同一于心理表征的个例标记，或者，例如，前者是否仅仅是后者的随附。我绝不相信这些问题会有多少实质内容。

了他们的思想主线。但很显然，心理主义本身并不蕴含 RTM。替代方案不时地浮现于心理主义传统的表面，尤其是在有关知觉的讨论中。例如，有可能将里德（1983）和吉布森（1966）（以及最近麦克道尔，1994 和普特南，2000）的"直接"实在论，解读为在本体论上承诺知觉信念，以及承诺最终归结为其匹配的心理过程，但也可能解读为拒斥这样的两个论断：感知需要心理表征；在任何有趣的意义上，知觉是一种推理。我发现，直接实在论远不如认识论那样貌似合理，也不如心理学那样合理。①话虽如此，"直接"实在论者追求的是无心理表征的心理实在论。毫无疑问，一定存在某个东西，其强加于知觉和其所感知对象之间；也许是神经系统的某个东西。但任何东西都不需要是表征的，甚或是心理的；因此，这种说法得以继续。

简而言之，在哲学中（以及在心理学中和克拉伯姆文集中），人们可以发现各种各样的理论，这些理论都赞成：典型心理状态是表征的（且在某种程度上是 RTM 的各种版本），但并不把命题态度当作心灵和心理表征标记之间的关系。②这也许是最没有哲学偏向性的一种心理实在论：存在信念，也存在有关相信的实例，但不存在任何观念（如在经验主义理论化所熟悉的那个术语意义上）。尤其是，一个命题态度是面向该命题的一个态度，不存在表达这样一个命题的任何东西"在头脑中"。

事实上，计算心理学的一些早期形式（参见如多伊奇，1960）将心理过程当作心理状态标记的因果链，但并不将心理状态视作关系；更不用说视作

---

① 据我所知，这蕴含"真实的"知觉属于不同于如幻觉、模糊性、知觉错误等的自然类型。这对于认识论者来说是可以接受的（我想我不完全清楚认识论者的目的是什么）；但对于知觉心理学理论来说，这是非常不合情理的，因为在知觉心理学中，关于错误知觉的经验发现往往是理论必须容纳的主要数据。你可能会说"这对知觉心理学来说太糟糕了"，但我觉得这是很苛刻的。因为它蕴含一个不符合你口味的本体论，所以还是要允许考虑一种其他真正的理论选择。

② 类似地，存在这样的哲学观点，根据之，感觉状态是足够真实的，但并不由生物和感觉之间的关系构成。（可以这么说，你可以在没有疼痛的情况下感到疼痛。）

与心理表征的关系了。① 随着心理学理论的发展，这种区别日益受到重视。因此，举例来说，联结主义者给网络中的节点贴上标签，并且指派给节点的那个标签被假定来具体化该节点的激活所表达的内容。但联结主义与心理表征（心理意象、心理语言中的语句，或无论什么）无关。因为，一方面，只有"神经网络"中的节点标签具有语义内容；而另一方面，根据标准公式表述，这些节点标签在心理过程中不起作用。② 因此，联结主义者无法承认思维的产生性、系统性和组合性（更不用说推理过程中逻辑形式的作用了）。③

因此，如若你不仔细观察，也许 RTM 看上去就像是认知科学早期的一种新兴共识。总的来说，与 LOT_1 所考虑的认知观点最接近的可能是，在 AI 中普遍存在的那种计算主义。从 LOT_1 的角度来看，在把心理状态当作心理表征的关系方面，AI 是正确的；在心理表征像什么的观点上，它也是正确的：心理表征不像图片或地图，而像在一种类似语言媒介中的公式，其具有以下两种功能，即表达心理状态的意向内容和提供心理过程的范围。然而，即使在这里，LOT_1 与认知科学家所逐渐相信的东西之间的那种匹配也远非完美。AI 的"经典"版本（与联结主义版本形成鲜明对比）或多或少明确持有这样的观点：心灵的生命主要存在于程序的执行；实际上，主要存在于制定计划并执行之。而且，就像 LOT_1 所支持的那种认知科学一样，它并不认可笛卡尔式二元论。（功能主义在当时很流行。根据功能主义者的观点，心理状态是由其所运作的东西所个体化的，而不是由其构成成分所个体化的；因此，心身是否是相同种类的实体，这并不很重要。）但从 LOT_1 的角度来看，它对计划和行动的强调导致经典 AI 忽略了一个不争的事实：心灵

8

---

① 根据我的一篇较早期的论文（1968），诸如系鞋带等行为背后的因果过程，通常是由设计和执行计划、程序等事件组成，这些都在我们的头脑中明显呈现出来。（另见米勒等人，1960）这种理论（赖尔，1949，将其定义为"知性论的"，更不用说"笛卡尔主义的"了）既是关于心理过程的计算主义理论，也是关于心理表征的实在论理论。

② 如果节点仅在其标签上不同，那么它们在因果关系上实际是相同的。

③ 要详细阐述这一点，请参阅福多和皮利辛（1988）。

的主要关注点不是行动，而是思考，而典型的思考是被指向来确定真。心灵所做的就是思考关于事物。

这只是冰山一角。事实证明，认知科学并没有像 *LOT*1 所认为的那样发展。相反，不仅在人工智能领域，而且在哲学和认知心理学领域，现在主流的观点都是一种实用主义：思维的本质，不在于它对其所表征的世界中事物的关系，而在于它对其所指导的行动（"行为"）的关系。因此，帕特丽夏·丘奇兰德（她并不特别认同人工智能中所运用的那种认知科学）认为，从进化论的观点来看，神经系统的主要功能是将身体各个部位放置于它们应该在的地方，为了该有机体能够存活……真相，无论那是什么，绝对是落后者遭殃（1987）。① 笛卡尔也是这样的想法。②

在我看来，实用主义也许是哲学中出现过的最糟糕想法；随着我们的深入，还会有更多这样的内容。但实用主义者关于思考的思维方式，是贯穿20世纪上半叶英语哲学心理学的、有争议的那种定义性特征；而且这种思维方式在很大程度上一直延续至今。根据实用主义的分析，哲学和心理学继承了笛卡尔主义：首先，它假定心灵的主要用途是处于思考真正的思想当中；其次，它假定一个思想的真在于它与它所关于的那个世界的某个方面的对应。这些笛卡尔式假定的自相矛盾且无意指的结果是，使得这种假定的心灵 / 世界关系本身似乎是有问题的，并且饱受质疑之苦。

（因此实用主义分析还在继续），而问题在于，它是笛卡尔观点的一部分，即人的心灵，像过去那样，不能看到自己与世界的对应（由此缺乏这种对应）。除了它对世界的经验之外，没有任何地方可以让心灵来评价它们之间这种假定的对应。据此，如果这种对应消失，经验中就没有任何变化。事

---

① 当然，这是"西海岸"或"让我们假装"进化论。事实上，关于认知是如何进化的，我们一无所知；而且，很有可能永远都不会有所知晓。正如 R.C. 卢旺廷所说，"真倒霉"。

② 另一种似是而非的观点是，心灵表现出生物学上的、在寻求真理的、认知机制和计划机制之间的一种分工，前者的功能作用是决定世界是怎样的，后者决定在这种世界中做什么。皮格柳奇和卡普兰（2006：147-148）讨论的一个非常有趣的例子表明，这种功能区分可以存在于进化的生物中，包括某些原始植物。(!)

实上，就算这个世界消失了，经验中也没有任何变化。实际上，"对应"和"这个世界"以彼此的相互作用而存在："对应"正是笛卡尔主义者所选择的所谓真思想和这个世界之间的关系；而"这个世界"也正是笛卡尔主义者所选择的、称为一个思想的真在于其所与之的对应。有道是，齿轮相互连接，但不与其他任何东西连接。既然如此，我们可以（而且应该）不需要它们。

10

上述核心是：从坚持认为真是有关思维与这个世界对应的事情，到坚持认为真是关于经验信念的某种或其他种认识怀疑论的事情，这是一个短暂的滑坡（short slide）。这两个论题之间的确切联系从来没有被完全阐明过，[①] 但它所引起的哲学担忧却一直是真实的。（哲学家们在夜里做的事，不是睡觉，而是难以言表的担忧。对于这种未经审视的生活，至少你可以说，它不会让你失眠。）

实用主义者着手要解决这个问题。他们说，技能先于理论。能力先于内容。特别是，在意向解释的序列中，知道如何（knowing how）是那种典型的认知状态并且它先于知道那（knowing that）。[②] 因此，不要把思考当作关于世界的；而是把思考当作处于这个世界之中。不要说，这个世界是使得你的思想为真（或假）的东西；而要说这个世界是决定你的行为成功或失败的

---

① 在我看来，仿佛这个论证取决于从认识论前提（如果真构成心灵与世界的对应，我们就不能"确定地"知道是否我们的信念为真）中推出形而上学结论（真并不构成心灵与世界的对应）。过去四十多年来，我一直声称这样的推理是无效的；事实上，也是不明智的。对，它们是这样的。

② 存在各种各样的方式来阐述实用主义这一基本原则的形成方式；但是，据我所知，它们或者是没有用的，或者是不连贯的，或者是假的。在目前的情况下，这个问题是，是否"知道如何……""能够……"等本身就是内涵语境。（如果奶奶知道如何吮吸鸡蛋，而鸡蛋是恐龙喜欢吃的东西，那么奶奶知道如何吮吸恐龙喜欢吃的东西吗？）如果"知道如何……"是内涵的，那么信念和能力都是由它们的内容来个体化的，而其中一个的内涵性不亚于另一个的内涵性。但如果"知道如何……"是透明的，然后存在各种各样的东西，其是一个人知道对其一无所知却想如何去做。例如，在透明的解读中，奶奶知道如何吮吸恐龙喜欢吃的东西，并不取决于她知道恐龙喜欢吃什么。在这两种情况下，"知道如何知道之"的推定优先权都无助于澄清它们。

因素。怀疑论会自然而然地消失：也许你无法判断你的信念是否为真，但你肯定能判断你的计划是否成功。通常，当这些情况并非如此时，这种怀疑论就会备受打击。

诸如此类的还有很多。我们还是不清楚这样的直觉意味着什么，但它们对认知心理学和心灵哲学的影响是不可否认的。在杜威、维特根斯坦、奎因、赖尔、塞拉斯、普特南、罗蒂、达米特、布兰顿、麦克道尔等哲学家的研究中，以及这样的新吉布森式学者／海德格尔式学者如德雷福斯（1978）等人的研究中，人们都看到了这一点。你仅需关心之。而且，在认知心理学中，思维是行动的内化，这样的论点将像威廉·詹姆斯这样的人关联于反射学家和行为学家；也将反射学家和行为学家关联于维果茨基和皮亚杰；也将维果茨基和皮亚杰关联于布鲁纳和"新面貌"的东西；也是将"新面貌"关联于吉布森和……①"但是，请容忍下我……／我必须暂时停下来，直到它回到我的脑海。"

根据 LOT2，实用主义弥漫在我们的认知科学之中。我们所有人都已经因之而受到沉重打击。它必须被驱散，越快越好。相比之下，LOT1 中的争论曾有各种各样的哲学目标：LOT1 不喜欢还原论，不喜欢行为主义，不喜欢经验论，不喜欢操作主义；大体来说，它一律不太喜欢这些。回想起来，LOT1 不赞成的那些观点似乎是有好有坏；事实上，只要在哲学上花点心思，就可能或多或少地接受它们中的任何一个观点，进而可以与拒斥大多数或所有的其他观点相兼容。例如，如果人们把经验论仅仅当作对天赋论的否定，那么不存在任何理由认为，一个心理主义者必须是一个经验论者：休谟和奎因是与之相反的例子，因为（他们各自都以其自己的方式）他们都明白，这种习得预设着很多天生的禀赋。而且，即使你狭隘地理解"天赋论"（即，如同假定未被习得的信念），对于那些在本体论上致力于命题态度，但把它们当作倾向（disposition）的心理主义者而言，在逻辑空间中也有一个

---

① 相反地，把如乔姆斯基这样的"新笛卡尔主义者"和笛卡尔联系起来的主线，是这样一个论题：行动是思维（特别是"实践推理"）的外化。

位置："当然，存在信念和愿望；但它们并不是你认为如其所是的那些类型的东西。事实上，他们是行为倾向。"（这是一个常见的哲学游戏，即"我可以言说你能言说的任何东西；但当我言说它的时候，我不会意指你所言说的东西"。比较贝克莱："当然，存在桌子和椅子；但它们是如同后像一般的许多东西"。）

因此，LOT_2 不同于 LOT_1 的方式之一在于，在那种单一心智性当中，它把实用主义视为一个敌人，即等同于关于心理状态的笛卡尔式实在论之优秀版本的那种敌人。[①] 也许一点点诡辩将用来调和实在论与经验论，或实在论与操作主义，甚至与（逻辑）行为主义。但是，实用主义和 LOT_2 所设想的那种认知科学之间的分歧是绝对的。从 LOT_2 的笛卡尔式观点来看，实用主义的独到之处是使其所有解释都弄反了：笛卡尔主义者认为，思维优先于知觉（因为知觉尤其是一种推理）。实用主义者的看法恰恰相反。笛卡尔主义者认为，概念优先于知觉对象（因为推理尤其要求在一个概念下包含一个知觉对象）。[②] 实用主义者的看法恰恰相反。笛卡尔主义者认为，思维是先于行动（因为行动需要计划，而计划是一种推理）的。实用主义者的看法恰恰相反。笛卡尔主义者认为，在分析序列上概念个体化先于概念占有。实用主义者的看法恰恰相反。笛卡尔主义者认为，行动是思维的外化。实用主义者认为思维是行动的内化。这样，实用主义就是颠倒过来被解读的笛卡尔主义。存在很多关键性问题，这些问题能够让一个足够庸俗的心灵哲学家想方设法兼而有之；但在实用主义者和笛卡尔主义者之间不存在这样的问题。

实用主义不能为真，心灵的独特功能是指导行动，至少根据这种想法的实用主义不能为真。（当然，还有其他类型的实用主义；后面会有关于它们

13

[①] 在接下来的论述中，"实用主义"几乎完全是指关于内容的实用主义，而不是关于真的实用主义。如果你假定内容在很大程度上是一个真值条件的事情，那么这两个问题是密切相关的。事实上，我是倾向于这样的假定的；但在接下来的讨论中，我们不会假定这一点。

[②] "如果它是一只狗，那么它会吠叫"；即，如果概念 DOG 适用于它，概念 BARKER 也适用于它。

的更多内容。）遵循丘奇兰德的想法，思维的 Ur- 形式是思考做什么或去哪里，这不能简单地为真。相反，思考具有真值的这类思想之能力，就其本质而言，是优先于计划一个行动方案的能力的。其原因是完全显而易见的：按照计划行动（而不仅仅是反常的行为或仅仅是惊慌失措①）要求能思考关于这个世界。② 你不能思考行动计划，除非你能思考倘若行动成功，这个世界将会如何；如果一切顺利，这个世界将会如此这般，这样的思考就是对能为真或假的事情的思考。

除非你能想到如果一个计划成功，世界会变成什么样，否则你就无法想出这个计划。但是，注意，这并不是反过来的。即使你不能思考这个计划，你也可以很好地思考有关该计划的目标。这是因为，即使你不能把它当作该计划的目标，你也可以很好地思考该计划的目标。③ 计划被涂成蓝色要求有能力来把自己表征为被涂成蓝色的，④ 但是，能够把自己表征为被涂成蓝色的，并不要求能够计划使得自己被涂成蓝色的。它更不需要知道如何把自己涂成蓝色。例如，你可能更多地希望自己被涂成蓝色，而无须拥有那种如何使之产生的微不足道的观念。事实上，你可能认为，你所能那样做的任何事

14

---

① 这是一个典型的实用主义论题，即思考在某种程度上是连续的反射行为。（这是思维是行为内化这种观念的一种。）但这不能是正确的；"反射性地对……反应"是透明的；它属于反射观念，即对 xs 的反射性反应，不是"根据描述"来回应它们。相比之下，"思考 x 是 F"，对于"F"位置的共外延谓词替代，是不透明的：思想有内涵的对象，而反射没有。所以思想不能是反射；甚至不能是被升华的反射。（这种论证将一次又一次地通过随后的章节重复出现。）

② 相比之下，完全貌似合理的是，以某种方式或以其他方式，通过思考关于世界所引起的是，什么使得行动和纯粹反射性行为或纯粹惊慌失措之间有所不同。（毫无疑问，辩护这一论断需要坚持认为，许多思想是无意识的。但无论如何，坚持这种观点的理由有很多。）但是，请注意，这个思考和这个行动之间的因果关系可能相当间接；例如，在反复考将所考虑的行动转化为习惯的情况下。

③ 认知科学主要包括找出表征为与纯粹表征之间的区别；也就是说，认知科学主要是关于意向状态的。总有一天心理学家会明白这是如此。明天弥赛亚（Messiah）就会到来。

④ 就像人们所说，在"某个世界或另一个世界"。目前的问题不是可能世界语义学的地位；而是是否计划之……先于思考之……

情都不会最终发生在你是蓝色的这个过程中；是蓝色的，这只是一个不可能实现的梦想。不过，你能够把自己当作被涂成蓝色的。①

思考关于这个世界，是优先于思考关于如何改变这个世界的。相应地，知道那（know that）是优先于知道如何（know how）的。笛卡尔是对的，赖尔是错的。毕竟这么多年过去了，为什么还有人仍不得不说这些东西呢？②

所以，重复一遍，实用主义不能为真：按照解释的顺序，关于被涂成蓝色的思考是行动的一部分，这样做是为了使得自己被涂成蓝色，反之亦然。正如有人笑着说的那样，这是一个概念上的观点；因此，再次遵循丘奇兰德的观点，"从进化的观点看"，它必须有效，就如同从任何其他的观点看一样。③（或者，也许这不是一个概念上的观点；也许这是一个形而上学的观点。但这两种假设得出的结论都是一样的。）

如前所述，因为这种论证旨在证明笛卡尔式的思维优先于行动，它代表了在本书后面章节中你会发现的许多东西。在另一方面它也是笛卡尔式的：它假定，心理状态的内容之间的关系在典型的命题态度解释中起作用。在目前情况下，关于思想如何指导行动的心理主义所描述的这部分是，在自主体的信念内容和愿望内容之间通常存在着某种关系。实践三段论本身就证明了这一点。根据这个传统，一个实践三段论的"结论"是一个行动，并且导致该行动的推理或多或少如下：

15

---

① 的确，一个人如何能认为：不可能的是，使得自己被涂成蓝色的，而无须把自己当作被涂成蓝色的？

② 我会告诉你为什么；这是因为（对于像赖尔这样的理论学者）被计划的行为并不被分析为是心理过程结果的行为。更确切地说，它是以某种方式（注意，或谨慎地，或适当考虑地，或无论什么）被执行的行为。这种概念分析（正如我听说过的所有其他概念分析一样）的问题是，它在两个方向上都失败了。

③ 顺便说一句，这完全兼容进化论论题，即思维指导行动所产生的贡献是，首先认知心灵是什么，这是被"选择"的。根据目前的考虑，坚持这个论题的方式是说：通过提供行动被预期所基于的相关真实信念，心灵典型地有助于行动的成功。如果我对这种进化论描述持怀疑态度（我非常怀疑），那并不是因为我厌恶实用主义。这是因为我怀疑被作出"选择"这种观念存在的意义。然而，这是另一回事；我在别的地方说过（见福多，2008）。

思考：我想要 P

思考：只有 Q 才 P

————————————

行动进而产生 Q

将一个实践三段论的大、小前提，和该小前提关联于该结论的是，它们的重叠内容：P 既是某个愿望的意向对象，又是某个思想的意向对象。Q 是一个思想的组成部分，也是在其下一个行动被意指的那个描述的组成部分。正是凭借它们内容之间的这种关系，信念和愿望最终转化为行动。①

最后几页是题外话。（不管是好是坏，随着我们的深入，还会有很多这样的内容。）这些偏离的讨论是关于这样一些方面的，在其中，*LOT*1 所推崇的认知科学是一种稻草人式的结构，它是由从它拒绝的一些理论中其他零碎部分提取只言片语而成的。因此，*LOT*1 特别地沿用了经典 AI 观点，即心理过程是以心理语言被定义在表征之上的；但它非常不赞同那种心理语言语义学的（或多或少标准的）AI 观点，即用目前的术语，这种心理语言是"程序性的"（如米勒和约翰逊–莱尔德，1987）②。*LOT*1 也不认同 AI 的本体论，因为它往往是唯我论的。概略地说，就世界中是否存在非心理的任何东西而言，*LOT*1 中的观念是，心理学应该是不被承诺的。③*LOT*1 对此的大部分内容保持沉默；但无论好坏，它的作者都拒绝这样做。随后出现了一系列的论文，它们试图以某种方式来避免我现在认为不可回避的一个结论：纯粹指称主义是 RTM 所要求的那种语义学④；也就是说，指称是唯一初始的心灵世界

————————————

① 当然，这依赖于将实践三段论解读为不仅提供了理性行动的一个规范，而且提供了其病因学的一种描述。存在这样的论证：这样做是错误的，但没有一种是站得住脚的。

② 粗略地说，这个观念是，一个心理符号的意义是一种从其"使用"中构建出来的，转而又与它在心理过程中的因果 / 推理作用相一致的。这种理解概念个体化与概念占有之间关系的方式，是典型的实用主义内容观。第 2 章的讨论主要解释为什么我认为这是错的。

③ 即使是现在，在认知科学中选择一种真实的、对上帝诚实的、本体论的唯我论也不是闻所未闻，根据这种唯我论，不存在任何不是心理的东西。有时我认为，也许杰肯道夫坚持这样认为；在我的至暗时刻，我想也许就连乔姆斯基也会这样。

④ 显然，指称主义的观点：语义学是关于符号和世界之间所持有的有关指称的关系，与"本体论"的唯我论（认为世界上没有任何东西）和方法论唯我论的观点（认为世界上是否

语义属性。① 尤其是，第 3 章主要是关于为什么弗雷格在这样的情况下是错误的，即他坚持认为（如果他确实坚持认为的话）语义学既要求一个概念的含义观念，也要求该概念的指称物观念。

弗雷格那些错误的论证是相当乏味的：它们存在于一点一点地蚕食对弗雷格含义论证所依赖的那些直觉。（我开始认为，弗雷格的含义论证仅仅依赖诉诸那些直觉；如果是这样的话，这本身就是怀疑他的一个理由。保留直觉有什么好处？）对许多例子的夸夸其谈是很无聊的，但也许在这种情况下，它值得一试；这背后其实潜藏着些许大问题。仅仅举一个例子：如果指称主义为真，并且一个概念的内容是它的指称，我们仅仅能停止担忧孪生地球例子（虔诚地祈求另一个例子圆满）。因为如果不存在任何含义，那么我的孪生兄弟和我是否拥有相同的 WATER 概念，这是毫无疑问的。我们并未直截了当地认为，因为根据假设，我们的 WATER 概念甚至不是共外延的。② 所以：我相信水是湿的，但我的孪生兄弟不相信水是湿的；我的孪生兄弟相信 XYZ 是湿的，但我不相信 XYZ 是湿的。就此打住。为什么我们截然不同的信念应该会导致我们作出任意相似的行为，对此并不存在余留的疑惑（尽管有很多相反的广而告之）。这是因为它与指称主义完全相容（而且它格外地让人感到貌似合理），其中指称主义认为，一个人如何根据自己的信念有所行动，这不仅取决于信念的内容，而且还取决于他对自己正在思考的事物的看法。好了，我的孪生兄弟相信关于 XYZ 的东西就是我相信关于 H_2O 的东西。当然，这样他在与前者的关系中有所行动，就像我在与后者的关系中有所行动一样。"外在主义"到底有什么值得大惊小怪的呢？

由于这样或那样的原因，在心理表征的语义学方面 *LOT*1 曾有过诸多问

有任何东西对语义学来说并不重要），都不相容。

① 当然，这是一个非常强有力的论断；但我在这里只概述这些论证，因为我在《概念》（1998）一书中对它们进行了相当长篇幅的讨论。基本的考虑是，没有一个关于意义的标准提议既满足组合性条件，又独立可行。

② 我的一些早期出版物未能明确说明这一点。那时我很年轻。没关系；年轻总比正确好。

题，其中许多问题只是未曾被注意到。现在在我看来，这些问题可以追溯到一个共同的原因：*LOT* 1 完全无法意识到在约束心理表征语义学理论中组合性的中心地位；也就是说，这个要求所隐含的是，一个思想的内容是完全由其结构和它的组成成分概念的内容一起决定的。[③] 因此，阐明其中这些隐含

18 意思是 *LOT* 2 的主要目标。

例如，由于 *LOT* 1 未曾对组合性考虑太多，所以它无法看到（和我一样，假设奎因关于不存在定义、分析性以及类似东西等的论述是正确的[④]）指称很可能是所组合的唯一语义属性。如果是这样，那么心理语言的语义学肯定是指称的。*LOT* 1 忽略了关于指称主义的这个要点，因为它忽略了关于组合性这个要点。

几乎由于同样的原因，*LOT* 1 无法预料到（更确切地说，未能解决）在过去几十年的认知科学讨论中已经被证明是核心的一个问题，即有关概念的本质和同一性。貌似合理地，语句"狗吠"是组合的（也就是说，它意味着狗吠），这一事实严重限制了人们对关于狗吠这一思想的看法（即"狗吠"这一命题被用来表达这种思想的）。作为 RTM 的一个版本，*LOT* 1 承诺命题态度是关系状态，心理表征是其中的关系相关项之一。[⑤] 而且我猜 *LOT* 1 某

---

③ 哲学家们已经注意到，很难对组合性约束作出精确的解释，这使得它既不平凡，又能证明自身反对公开的反例。对此，我认为他们是对的，但我确实想知道为什么他们这么担心。正如我们将要看到的，有各种各样的、诉诸组合性的现象被假定来解释。（产生性和系统性是我们最熟悉的，但我们在后面会遇到其他的。）令人感兴趣的问题不是去决定什么算作一个表征系统是组合的；正是限制某个非原生构成观念允许我们满意地解释这些现象。不要试图分析你还没有得到的那些概念。更好的是，不要试图分析概念。

④ 当然，奎因在定义、分析以及类似东西等方面可以不正确。但是，鉴于例子的缺乏，在假设基础上建立语义学，这是一种冒险的方法论。相关的大量讨论，参见我的《概念》(1998)。

⑤ 多年来，关于 RTM 是否应该说：思想是对心理表征的关系，还是对命题的关系，一直有许多令人不快的讨论话题。事实上，没有理由说明为什么它不应该说这两方面。强加给这个问题的，不是 RTM，而是自然主义，它拒绝让内涵实体和关系（指称、命题等）不被还原。我认为心理学应该支持自然主义，虽然仅仅因为所有其他科学显然都支持自然主义。但原则上，一个理性的心理实在论者很可能完全不会同意。

这里有一种不同的方式来表达大致相同的观点：一个"语义理论"能够指称一种语言中表

种程度上被理解成这样，即这个心灵所使用的、表征所是的无论什么东西，作为思维的工具，它们都必须拥有某种内在语义结构。尤其是，当考虑到狗吠这个思想时，心灵所标记的表征必须由它包括概念 DOG 和概念 BARK 时所标记的表征（除其他外）构成。然而，就 *LOT*₁ 而言，这一点是正确的，因为乔姆斯基关于自然语言的语句和语词（词素、词汇条目等等）之间关系的观点确实是令人印象深刻的：正如语句的语义学是从语词的语义学中构建出来的一样，因而思想的语义学是从概念的语义学中构建出来的，且这些概念是这些思想的组成部分。

但是对于乔姆斯基而言（至少那时在我读到他的东西时），这部分的主要问题是语言的产生性：有很多语句排除在这样的理论之外，即根据该理论，语句是语义初始单元。① 产生性排除了这样的观念（奎因、维特根斯坦和戴维森，更不用说斯金纳了，他们似乎都已经被吸引了）：（短）语句是句法分析和语义分析的典型单元。（简说出"平板"；泰山就拿过来了平板。）同样，产生性也排除行为主义者和联结主义者当中盛行的这种观点：语句的言述（utterances）典型地是语词长度回应的、非被构造的因果链。

*LOT*₂ 继续赞同乔姆斯基关于所有这些的论述，但关注点有所变化。从我目前的观点来看，语言（/心灵）的产生性（/系统性）的重要性，不仅在于它是击败邪恶之人的有用工具，还在于它指向组合性作为评价 RTM 版本过程中最卓越的关键问题之所在。在过去的几年里，我越来越相信把握思维的组合性就是 RTM 最迫切需要的；不仅因为组合性是思维的产生性和系

达式的语义属性的一个具体化（也许是对其陈述句的真值条件的一个指派），或者指称（初始）语义属性和关系的形而上学特征（也许是一种指称因果理论，或者，就此而言，一种拟声理论："喷喷"指称发出喷喷声，因为"喷喷"听起来像发出喷喷声）。在第二类理论中，有关自然主义的那些问题出现了。但是，至少在原则上，第一种理论中还没出现。

① 相反，各种各样的哲学家仍然想要断言：语词语义学在某种程度上是从语句语义学中构造的（见布兰顿，2000；布洛克，1986）。我认为，这样说的有关论证总是依赖于把关于表征本体论问题与关于翻译和"解释"的认识论理论混为一谈。无论如何，正如你所料，当这些语句优先的语义理论试图解释产生性、系统性及其类似物时，这样的理论总是会陷入可怕的麻烦之中。

统性的核心，还因为它决定了思想和概念之间的关系。思想组合性的关键在于，这些思想具有作为其构成成分的概念。

这本书其余大部分内容都是反复探讨这种事情：在关于意向状态的内容方面，指称主义必定是正确的，因为组合性要求如此；在关于概念个体化方面，原子论必定是正确的，因为组合性要求如此；并且思维必定拥有组成结构，这也是组合性要求如此。因此，LOT 2 的主要论点在 LOT 1 中是明显缺失的：我们对概念的了解大多来自思想的组合性。①

到目前为止，讨论的实质是，LOT 1 可以说是没有我希望的那么好；显然它没有我想象的那么有先见之明。"B+query"似乎是对的。但我不愿止步于此。例如，毫无疑问，我认为，说到（至少一些）心理过程是对心理表征的计算，对此 LOT 1 是正确的。同样地，认为关于概念学习观念存在一些根本的可疑之处（稍后会有更多），对此 LOT 1 也是正确的。说句公道话，似乎在我看来，还有许多其他事情 LOT 1 也做得差不多都是正确的（因此，本书中的讨论是一种保守立场的延伸）。RTM 的传统版本枯竭了，不是因为他们承诺"观念理论"，而是因为他们的联结主义。相比之下，我们目前的认知科学基石——如它与休谟思想中的认知心理学有如此深刻的差异——是图灵的想法，即认知过程不是联结而是计算。而且在图灵考虑的意义上看来，计算需要一种思维语言。②③

---

① 当然，这不是任何先验的真。例如，我们可以想象，我们对概念的大部分了解总有一天将源自我们对大脑的了解。如果你仔细听，你将听到的那个声音会是有关我没有屏住呼吸的声音。

② 这种心理表征必须是类似语言的，因为它们必须在句法上是被构造的，这是联结主义所拒斥的一个论题，因此它抛弃了人工智能所关于的、正确的主要东西。（许多联结主义者不明白他们这样做，是因为他们一直混淆了心理表征典型地具有句法构成分和心理表征是典型的"分布式的"这两种观点。）

有一个关于伊芙琳·沃的趣闻，我希望是真的：沃被告知，琼斯(他特别讨厌的一个朋友)做了手术，切除了一个肿瘤，结果发现是良性的。沃说："这是现代科学的一个典型成就，它找到了琼斯身上没有恶变的那一点；然后把它切除了。"

③ 历史脚注：曾经广泛被相信的是，根本就不可能存在一种思维语言，因为语言必须是沟通的工具，这是先验地为真的。因此，拉什·里斯在他早期的论文中总结道："能够存在

最后，也许最重要的是，我仍然认为，在逻辑理论和推理理论之间的适当关系方面，LOT_1 是正确的。这种关系的本质是心理表征具有"逻辑形式"（正如有时所说的"逻辑句法"）。从这个角度来看，关于奶奶离开并且阿姨留下这个思想的关键在于，它是一个合取结构，这意味着（根据 RTM）当你思考这个思想时，你所标记的心理表征的逻辑句法是合取的。这个思想的逻辑句法是（部分地）合取的，这一方面决定了它的真值条件及其在推理中的行为，另一方面决定了在心理过程中它的因果 / 计算作用。我认为，这种逻辑、逻辑句法与心理过程理论的融合，是我们认知科学的基础；尤其是，对思维语言的主要论证，貌似合理的是，仅仅是那种类似语言的东西才能具有逻辑形式。[①]

我仍然认为，诸如 LOT_1 这样的一些描述，至少必须是关于意向心理状态和过程之真的一部分。但是 LOT_1 本身却怀疑它是这全部的真；最后一章专门讨论了其中的一些蛛丝马迹，这些迹象强有力地表明，思考比计算更重要。在这期间的几年里，这种可能性越来越大。如果是这样的话，那么要让一门严肃的意向心理学起作用，就比我曾经想象的要困难得多。事实证明，这些年来许多事情比我曾经设想的要困难得多。

所以，LOT_2 是关于我们不断努力向认知意向性理论迈进的一种进展报告：已经做了什么，还需要做什么，以及在目前情况下，我们根本不知道如何去做什么。通向光明的尽头还有许多隧道。汤姆·内格尔曾经写道，意识使心灵哲学变得如此艰难。这几乎是对的。事实上，正是意向性使得心灵哲学变得如此艰难；而意识则使之不可能。

好了，为了完善这些初步的内容，接下来的内容通常与 LOT_1 不一致；而且接下来的内容经常展现出对 LOT_1 没有听说过的那些问题的担忧；而且，

22

一种私人语言吗？"（1963），他的有声观察表明"语言是被言说的东西"，我认为他的意思是，语言本质上是被言说的东西。我认为，这是一个非常有趣的说法，但里斯并没有提出任何何为真的论证。

① "命题具有逻辑形式。"是的，但它们不具有因果力，心理状态具有因果力。

毫无疑问，*LOT*₁做对了的事情有时也会出错。但是我想强调的是，方法论的观点并没有改变。我仍在追寻一种有关认知心灵的理论。我不在乎它是哲学理论还是心理学理论，或者两者兼而有之，或者两者都不是，只要它为真。如果这对真的要求太高，我会为它的连贯性以及它与目前我们所拥有的证据相符而感到满足。而如果这也是一个过分的要求，那我只能接受目前它是最好的选择。天知道，这要求可不多。

因此，特别地说，如果这意味着分析单词或概念或其用途，那我并不把这视作"分析"哲学中的一个专题研究。据我所知，这样的专题研究总是失败的，而且我猜它们未来也会失败。因此，我不坚持"语义上行"这样的方法。例如，当我实际上在谈论心灵时，我不会假装在谈论"心灵"；或者当我实际上在谈论思考时，我不会假装在谈论"思考"。诸如此类。一般来说，在我看来，语义上行最终使有关事物如何所是的理论与有关我们如何谈论或思考它们的理论相混淆。我不需要这样的结果。我已经为此困顿许久了。

好的，我们开始吧。

斯纳克：如果你愿意，请你花点时间。

作者：你可能是谁？

斯纳克：我是斯纳克。我是一个令人厌恶和恼羞成怒的人。

作者：那我明白了。或许，你是蜚声诗坛的那个斯纳克？

斯纳克：[叹气] 不，我恐怕不是。顺便问一下，你是不是因旅行书而闻名于世的那个福多？

作者：[叹气] 不，我恐怕不是。那么，我能为你做些什么？

斯纳克：我是来跟踪（或者更准确地说，是来提出批评）你在接下来的正文中的每一步的。我计划驳倒你的主张，解构你的论证，反对你的论点，回答你的诘问，超越你的名言警句；简而言之，就是尽我所能地制造一种恰如其分的麻烦。此外，我还兼职作为一位匿名读者，并准备应潜在出版商的要求对这部手稿提供相关评价。

作者：会是我希望的那种好评吗？

斯纳克：不要孤注一掷，小子。

作者：好吧，我很抱歉，但奶奶已经拥有了这份工作。事实上，我正期待她马上到来。她通常只是在导论之后出现。

斯纳克：但不是这个时候。她希望我来告诉你：她不舒服。

24

作者：我想，她不是真地生病了吧？

斯纳克：相反，更确切地说，她是受够了。奶奶不再愿意成为你方言鞭笞的对象或你低俗暗讽的笑柄。她觉得这些想法非常令人反感。她已经受够了这些。

作者：你是代替她来到这里的？

斯纳克：从本体论上说，你可能会把我当作她众多的化身之一。

作者：你收费很高吗？

斯纳克：与你的版税成比例；我想，这有点可笑。

作者：很好，那你就去接奶奶吧。为什么你不去吃午饭，然后在第 2 章报告研究工作呢？顺便问一下，斯纳克的食物来源是什么？

斯纳克：我们喝的是作者的心血。

作者：正如我设想的一样。好了，你走吧。别着急回来；慢慢来；这是一本需要细细品味的书。

2

概念实用主义：式微与衰落

2.1 使用中的定义和循环论证

如果 RTM 为真，则概念是：

• 信念的构成成分

• 语义赋值的单元

• 心理表征之间相互因果作用的核心

• 心理语言中的公式。

但这一切究竟意味着什么呢？假设存在它所意味着的某物，那有关什么样的东西它才能都为真呢？这一切又如何与实用主义问题有关系呢？这一切都来得正是时候。

最初，心理学家、语言学家、哲学家以及在克拉帕姆文集中的人都赞同，（许多）概念具有（或有）定义（或者，正如我有时会说的那样，许多概念是由它们定义的推理所"构成的"①）。这样，概念 BACHELOR 是由这

---

① "被构成"掩盖了许多问题，其中一些问题我将继续掩盖；我的借口就是，"概念是（或不是）定义"，这是认知科学文献中通常构建这个问题的方式。可能实际被意指的论断是关于概念占有的；类似于这样的说法："拥有一个概念，就是知道它的定义"。这将是典型实用主义理论的一个实例，其中这种理论认为，概念是由拥有它们的条件来分析的，而不是相反。我们将会继续深入探讨。

样两个定义的推理所构成的："如果某个东西是一个单身汉，那么它就是一个未婚的男人"和"如果某个东西是一个未婚的男人，那么它就是一个单身汉"；如果你用表达任何一个不同于 BACHELOR 概念的语词来代替"单身汉"，那么这些推理中至少有一个是错误的。这和 RTM 可能希望的差不多：如果概念是（类似于）定义，那么拥有一个概念应该是（类似于）心理上表征着它的定义。因此，心理表征是一系列关于概念及其个体化问题的基础；就像我们笛卡尔主义者一直所说的那样。

　　但后来出现了一些问题：一个广泛的共识出现了，即没有对概念的任何定义说明能够为真。简而言之，这个问题在于，周边不存在许多的定义。例如，你不能说：概念 DOG 就是在"某物是一条狗当且仅当它是……"中填满这个空白的东西；至少，你不能说：你想要用"狗"的定义来填补这个空白；你自己试试就知道。① 因此，认知科学家彼此会说，我们仍然对概念尚不了解，并且需要作进一步的研究。

　　这里实际上有两个问题，并且把它们区分开来也很重要。第一，如果缺乏令人信服的例子，概念（/词汇意义）是定义，这种理论能以某种方式得到拯救吗？第二，如果拥有一个概念不是知道它的定义，那它是什么呢？本章的大部分内容都是关于定义保守立场的（因为要成为 C 就是要满足"C"的定义），而关于概念占有（拥有 C 就是拥有某些包括 C 的能力）却是实用主义立场。我们有必要仔细研究一下这些观点，因为这类观点在认知科学中几乎无处不在。

　　首先，在认知科学中，对定义的拒斥从来就不是普遍的。（在"词汇语义学"传统中）仍存在一群对此保持怀疑的语言学家，他们持有这样或那样版本的观点，即存在一种"语义层面"的语法表征，在这种层面上，可定义的语词由它们的定义来表征；例如，"杀死"被表征为"导致死亡"。根据这种观点，概念 KILL 是（相对地）初始概念 CAUSE 和 DIE 所构成的复合物（并

26

27

────────────────

① 当然，你可以轻易地得到一个定义；如在这其中："有个东西是一条狗，当且仅当它是一条狗"。

且相应地，语词"杀死"的意义是语词"导致"的意义和语词"死亡"的意义所构成的复合物）。我不打算讨论词汇语义学；我已经在别处讨论过了（1998：chs.3-4），并且也足够了。①但哲学文献中最近存在一种流行的观点是，以一种有所变动的视角，用"使用中的定义"（definition-in-use）来发挥"简短定义"（definition-tout-court）的作用，进而恢复定义结构。如果仅仅因为它提出了有关概念个体化、有关正是什么东西来拥有一个概念、有关自然语言语义学和逻辑之间的关系等一些**巨大问题**，那么这种使用中的定义描述就值得仔细研究。我建议对其进行详细讨论，首先用一两个关于旧式定义的语词来提醒大家有关的背景知识。

2.1.1　定义和包含理论

关于可以定义多少语词，定义学的朋友们有不同的看法，但并非所有语词都可以被定义，这是一个共识。必须存在有关"初始的"、未定义词项的某个基础，并且在这样的词项基础上，其他词项的定义才得以被表达。这样，定义是语义学中一个重要观念，对此论断予以承诺的理论家，必须以某种方式解释这个基础是如何被选择的。事实证明，这可不是一件小事儿。

在哲学和心理学中，英语语系传统基本上接受了经验主义的论点，即所有的概念都能（实际上，一定可以）以初始的感觉概念为基础来定义，像（例如）RED 或 HOT 或（也许）ROUND。这种经验论语义学反过来又被认

---

① 正如文本中所述，旧式定义的一个主要问题在于缺乏令人信服的例子。所以，严格地说，"杀死"不是"导致死亡"的同义词；（至少，如果"导致死亡"意味着导致死亡，那就不是），因为存在后者的实例，这些实例不是前者的实例。（通过让别人杀死玛丽，山姆可能导致她的死亡。）为真的仅仅是（除非复活）：如果有人杀死了玛丽，那么玛丽就死了。

这个例子并非不典型。试图定义一个术语往往会引出其外延的必要但不充分的条件。我听说语言学家称之为"X 问题"：他们说，"杀死"意味着"导致死亡"加上 X，而剩下的问题（"我们正在努力解决这个问题，就在我们说话的时候"）是填补 X，而无须使得这种等价显得微不足道。（"山姆杀死了玛丽"意味着山姆通过杀死玛丽导致她死亡，这为真，但并不有趣。）这个研究迄今为止收效甚微；当然，你永远不知道。这个 X 问题将重新出现在当前文本中。

为是建立在一种认识论基础上的，从长远来看，根据这种认识论，所有知识都是经验的。但我认为，连现在对定义有好感的人也普遍认为经验论方案失败了；[①] 这是一个警示例子，说明你试图从认识论中解读语义学会发生什么。事实上，我们的概念总是超越它们的经验基础；毕竟，树木和岩石不能还原为树木经验或岩石经验。这并不奇怪，因为经验是依赖于心灵的(没有心灵，就没有经验)，但树木和岩石却不是。此外，你能够爬树和扔石头，但你不能攀爬或扔出各种感受。经验论只能建立在这种本体论常理之上。

与经验论传统相比较而言，对认知科学中概念（/词汇）还原的初始基础之讨论往往倾向于这样的观点，即它不仅包括感觉概念，而且还由一些非常抽象的"形而上学的"概念所构成，如 CAUSE，ACTION，FACT，EVENT，等等（见如凯里，1985；杰肯道夫，1993）。然而据我所知，目前还没有关于兑现"等等"的严肃建议。[②] 一方面，什么东西使得一些概念是形而上学的，而其他概念却不是，这一点是不清楚的。另一方面，感觉概念和那些假定的形而上学概念，通常都并未以初始概念大概应该采用的行为方式来有所行动。例如，我假定（在其他条件相同的情况下）一个初始概念应该在"执行"任务中比那些被用于定义的概念更容易理解；或者，至少，初始概念的获得不应该晚于它们所构成的复杂概念。然而，根据这些标准，心理学数据不支持这样的论点：初始概念，或者是感觉概念，或者是抽象概念，或者是这两种概念兼有的组合概念。

相反，在知觉分类和个体发生学中，最容易理解的概念似乎是"中间层次"概念（罗施，1973）。事实上，很显然，无论学习的标准是分类能力还是命名能力，儿童通常学习感觉概念相对较晚。同样，我假定，一条狗是一种动物；但受试者在将狗归类为一条狗方面比将同一条狗归类为动物方面要

29

---

① 不管怎样，参见普林茨（2002）。

② 对于这些抽象概念应该被理解来表达什么属性，也没有任何严肃的提议。假设"约翰吃东西"说约翰是吃东西的那个主体。那么，归因于约翰的主体属性是什么呢？我的感觉是词汇语义学者不太担心这类问题，但我想知道他们为什么不担心。

显得更快。我假定，一次杀戮是一次事件；但是，相比于关于什么是一次杀戮而言，对于有关什么是一次事件的共识确实很少。飞机失事造成多少乘客死亡，对此赞同的受试者可以对有关这样的飞机失事包括多少事件并没有清晰的直觉。（每个脱落的机翼？每个出现故障的发动机？每个死亡的乘客？每个还没死亡的乘客？等等。）而且只有上帝知道在认知发展的什么阶段上，概念 EVENT 是可获得的；我根本不确定我已经得到了一个这样的概念。[①]

最后重要的是，定义许可的那种推断被假定具有一种特殊的模态力（modal force）。如果"X=A+B"定义为真，那么"X 是 A"，"X 是 B"在概念上（或语言上）被假定是必要的；正如哲学家所说，它们被假定是"分析的"。旧式概念定义似乎解释了为什么是这样，这是一种优点。撇开有关细节不谈，基本观念就是：分析的（而不是法则论上的或逻辑上的）必要性是由复杂概念及其构成成分之间的包含关系所产生的。"单身汉是未婚的"在概念上是必要的，因为概念 UNMARRIED 实际上包含在概念 BACHELOR 中。

30

我认为，在分析性和构成性之间建立一种关联是极其重要的。因为，请注意，包含理论对于涉及短语的分析性非常有效："棕色牛→棕色的"直观上是分析的；这可能是因为"棕色的"是"棕色牛"的一个构成成分。但是，当这种包含理论被应用于词汇条目时，它似乎往往并不那么貌似合理。这样，坚持使用那个典型例子，假定概念 KILL 是概念 CAUSE TO DIE；也就是说，KILL 是一个被构造的对象，其中概念 DIE 字面上是其一个构成成分；同样地，概念 DOG 是一个被构造的对象，其中概念 ANIMAL 字面上是其一个构成成分，等等。但是，什么构成概念 RED 呢？一方面，推论"红色的→被着色的"，如同大多数例子一样似乎是貌似合理的一个分析性代表。

---

① 一个例子能被这样给出，即像 EVENT，AGENT，CAUSE，ACTION，THING 等概念在非对称性上接近于空；实际上，它们作为真正谓词的占位者（place-holder）来发挥功能作用。相当貌似合理的是，说"他飞出窗外；**发生了多么奇怪的事**啊！"只是说"他飞出窗外，多么奇怪！"

另一方面，不存在任何这样的 X，使得"被着色的并且 X →红色的"（当然，除了"红色的"之外）。这大概是注释 3（见原著第 27 页注释 3/ 本书第 24 页注释 1——译者注）中提到的有关"X 问题"的一种极端情况。

因此，有关分析性的包含理论面临着一个两难困境：一方面，"棕色牛→棕色的"是分析性的，因为"棕色的"是"棕色牛"的一个构成成分，这确实是非常可信的。另一方面，X 问题的重现表明，如果"红色的→被着色的"是分析的，这不是因为被着色的是"RED"意义的一个构成成分。看来我们必须否认：或者分析性来源于包含，或者"红色的→被着色的"是分析性的。

如果这些确实是选择项，第二种似乎更好。毕竟，"红色的→被着色的"是关于红性是什么的一个事实，而不是关于"红色的"的含义，这并非难以置信的问题。[①]X 问题持续存在的关键可能是，当上帝创造这个词汇时，他知道他正在做什么。"棕色牛"看起来是一个复合的符号，"棕色的"是其中的一个部分。也许这是因为"棕色牛"是"棕色的"，是其一部分的一个复合符号。"红色的"看起来不像是"被着色的"是其一部分的一个复合符号。也许这是因为"红色的"不是一个复合符号，更不用说，并非"被着色的"是其一部分。表象并不总是具有欺骗性；在词汇条目中不出现内在语义结构的原因是：不存在任何内在语义结构。

在任何情况下，如果"红色的""杀死""棕色的"等语词具有构成成分结构，那么其共同之处在于：它们仅仅在（假定的）语义层面上如此。相关的概括似乎是，（尽管 BACHELOR 相反）仅仅在构成成分结构似乎没有问题的情况下，分析性才是没有问题的。相反，"牛→动物"是分析性的，这并不明显；"ANIMAL 是 COW 的一个构成成分"这也不明显；但前一事实却是后一事实的重要组成部分。

简而言之，如果你所想到的是语义构成性应该拯救分析性，从而使得这

31

---

① 这种观点似乎是相当普遍的（除了像"并且""或者""一些"等"逻辑"语词之外，现在可能更多）。狗是动物这个事实，是关于狗的一个事实，而不是关于"狗"的一个事实，这似乎是完全貌似合理的。

个世界对于概念必要性来说是安全的，那么到目前为止还没有发生过什么事情，使得你能找到这种令人鼓舞的情况。^① 因此，将语言（或概念）的必要性还原为语义层次上的包含的建议，就到此为止了。它是传统定义语义学的核心，并且如果它遇到一些麻烦，你可能会认为我们已经看到了定义语义学的最后一个麻烦了。但它不是；定义又以哲学的方式回来了。^② 无论出现什么，这都会再次出现。

32　　复兴的动机并非遥不可及：许多哲学家认为，存在着专门的哲学真，它们是先验可知的一个标志。好吧，这样的哲学家倾向于推理，如果有先验的真，应该存在关于正是什么使得它们是先验的某个描述；而且如果存在定义，确实存在一个描述来分辨之。先验真源于对概念的分析（/ 来自词项的定义）。因此，哲学家能通过词汇 / 概念分析的过程来发现先验真。由于似乎没有其他关于先验性的合理解释，^③ 我们需要定义，否则分析哲学家们就会在技术上痛不欲生。所以，最好存在定义。在某些情况下，发现这种论证思路可能是非常有说服力的；特别是在本月底。

2.1.2　使用中的定义

我们现在已经注意到了以下两者之间的这种传统意义上的紧密关系，即言说存在定义和言说这样的推理（即分析推理、先验推理、概念上的必然推

---

① 另一方面，根据持续性（constituency）语义必要性的重建至少会避免经典的奎因式论证，后者最多仅仅在反对有关分析性的认知解析方面是有效的。

② 我不确定它们在人工智能中是否过时了，大概是因为它的实践者对具有奇怪模态结果分析的非凡容忍度。我记得有人告诉我，"x 死了"意味着 x 的健康指数在从 -1 到 10 的范围内是 -10；大概地，"x 生病了"意味着 x 的健康指数在从 -1 到 10 的范围内是 -9.7。提出这个分析的人对它让你死而复生这种结果无动于衷。"可怜的史密斯今天早上去世了。""多么可惜；他现在感觉如何？"

③ 我猜想，柏拉图认为哲学家通过一种特殊的智力能力来探得先验性，而先验性正是有关这种智力能力的对象，就像世界上的事物是视觉的对象一样。也许他是对的；至今仍有哲学家这么认为。但如果一个人的目标是自然主义心理学或自然主义认识论，那就没什么用了。

理，以及由复杂概念及其构成成分之间关系所引起的其余推理）之间的密切关系。然而，有可能将这两个论点分开；尤其是，坚持认为存在许多定义，但又承认：相比较于分析性的包含说明，语义层次上的构成性已被假定得更少。① 那就来看看使用中的定义吧。使用中的定义就像简短定义（definitions-tout-court）一样，因为两者都使某些推理成为那些参与其中的概念之构成成分。但是，使用中的定义又与简短定义不一样，因为前者并不假定定义推理通常是由复杂概念与其构成成分之间的关系所产生的。

有关"AND"的使用中的规范定义将用于给出这个东西的特定感觉（the feel）。对此的建议是，"AND"的语义学应该解释（例如）为什么形如"P&Q → P"的推理是先验有效的。为了做到这一点，需要的是，存在（或许分析的）这样的推理规则，即这些规则用来将ANDs引入一些心理语言表达式中，并将它们从其他表达式中消除。② 这个观念就是：这些规则的系统阐述实际上会通过参考 AND 在推理中的使用来提供对它的一个概念分析。③ 传统的定义理论提出解释概念的必要性和先验性，通过假设一种语义层次，并且在这种层次上概念包含的关系被确定是明显的。相比而言，使用中的定义理论提出通过一种直接诉诸定义推理的观念来解释概念的必要性和先验性。通过参考 AND（以及类似东西）的定义推理，AND（等）的使用中的定义至少会产生对该逻辑常项的一个合理的解释，并且对这种逻辑常项的使用中的定义说明通常被提供来作为大多数推理作用语义学的规范案例。④ "并且"引入规则的标准形式是：

---

① 事实上，人们可能会试图坚持认为，只是没有一种语义层次；也就是说，这种"表面"词汇清单是被保存在语法表征的每个层次的。我强烈怀疑这是正确的观点，但我不想在这里为它辩护。

② "自然逻辑"系统是这种逻辑常项处理的灵感来源。相关讨论参见博戈辛（1997）。

③ 经适当的修改，这将提供一个定义"并且"。

④ 术语："推理作用语义学"（IRS）声称，语词的含义（/概念的内容）是由其在推理中的作用决定的。因此，定义语义学是 IRS 的一种特例，根据之，它们是由其在定义推理中的作用决定的。（请不要问"被决定"是什么意思。）

P

Q

_____

P 并且 Q

"并且"消除规则的标准形式是：

P 并且 Q   P 并且 Q

_____   _____

P   Q

在最近的哲学文献中，有许多段落或多或少都是这样的："你想知道意义是如何运作的吗？让我告诉你关于'并且'吧；其余的只是更多的相同而已"。因为，通常的建议是，定义"并且"的推理规则是，当你学习"并且"意指什么时，你所学习到的东西，使用中的定义声称不仅要彻底探讨这些逻辑概念的语义学，还要彻底探讨它们的"占有条件"。事实上，正是这种推理作用语义学（IRS）的一个典型主张，即对一个概念个体化的说明应该具备双重责任，就如同对正是什么东西来把握这个概念的说明一样，而像AND 这样的例子表明，IRS 能满足这一条件。总之，人们可能会认为，今天的工作还不错。

使用中的定义将为语义学实现旧式定义无法做到的功能，这有多大的可信度呢？在我看来，就不是很合理。反对意见主要有两种，每一种对我来说都是致命的。第一种反对意见声称，使用中的定义描述甚至对逻辑概念并不起作用；第二种反对意见声称，即使它确实对逻辑概念起作用，它也不能推广到其他任何东西上。我认为，这两种反对意见都很有道理。我想现在讨论其中的第一种反对意见，第二种反对意见在本章的第 2 部分中讨论。

2.1.3　循环性反对意见

正如我上面提到的，使用中的定义的一个熟知的好处，实际上是一般的意义使用理论的优点，即它们与概念占有的一个貌似合理的说明相一致。但是，再转念一想，也许它们并非如此。与其相关的要点很简单：请再看看"并且"引入规则和"并且"消除规则。请注意，在这些规则中，"并且"出现了；不仅作为被定义的那个词项，而且作为这些定义的一部分。这样，有一个初步情况可以被断言，知道"并且"的使用中的定义重构知道它所意指的东西只是循环的：如果对"并且"的理解存在问题，那么对理解它的使用中的定义也存在同样的问题。相应的要点是十分清楚的：如果一个使用中的定义被作为对"当'并且'被学习时，学到了什么？"的一个回答。所学到的东西不可能是在其中"并且"出现的一个规则，因为倘若是这样的话，没有人能学会"并且"，除非他已经知道了它的意思。初看起来，这不是一个理想的结果。这其中所蕴含的是，在使用作为理解一个语词是什么这样的理论（加以必要变通的是，把握一个语词所达的概念）时，存在关于共同选择定义的问题。①

35

然而，对此有一个标准的起点，即它是关联于概念占有实用主义理论的、那种概念个体化的、使用中的定义理论之间关系所在的地方之一。

拥有（/学习）一个语词（/概念）就是知道它的使用中的定义，接受这样观点的哲学家们总是假定，那种确切地知道就是"知道如何（knowing how）"而不是"知道那（knowing that）"。这种观念就是，我们应该保留把概念等同于使用中的定义，通过拒绝把拥有一个概念等同于知道构成它的使用中的定义的那些规则。与 RTM 的理念相反，一个人不会重构知道"并且"意指什么东西作为心理上表征它的定义（或者实际上，作为心理上表征其他任何东西）。当然，在"知道"的意义上，这与具体化概念的占有条件相关，知道"并且"意指什么，这仅仅在于：被倾向于作出（/接受）这种"并且"的推论，因为使用中的定义是被许可的。例如，不需要进一步要求的是，在作出这些推理的过程中人们应该参考这个定义。按照分析顺序，知道如何先于知道那，这个论断当然是优质的实用主义论题。因此，我们终于来到了本章的主题。

值得停下来反思一下迄今所发生的事情。存在一个初步的论证：即使

① 同样，不可能的是：学习 AND（合取概念）要求学习 X AND Y IS TRUE IFF X IS TRUE AND Y IS TRUE。

36 使用中的定义描述获取了 AND 的内容，它也没有以一种对某人把握该概念的方式提供一个清晰的说明。然而，请看实用主义对规则遵循的解读：遵守那条决定"并且"意指什么的规则，恰恰就是倾向于按照这条规则来推理。假设遵守一条规则就是要求：根据该规则不仅仅推理是用来承诺赖尔（1949）所说的那个"唯智主义谬误（intellectualist fallacy）"，其中这种谬误是有关界定知道如何应该根据知道那来被分析，而不是反过来。这样，实用主义逐步支持这样的观点，即概念具有（定义性的）分析且反之亦然。

因此，保罗·博戈辛（1996）说："就一个表达式而言，其存在于某人以如此多的语词来陈述这条规则的过程中，确实没必要考虑他遵守规则 R；相反，更貌似合理的是，分析 x 对 e 遵守规则 R，并且 e 存在于关于 x 伴随 e 的行为的某种事实中……［例如，可能］在某些情况下，在 x 使用 e 的过程中，它存在于 [x 的] 倾向于符合规则 R 的情况当中。"关于拥有概念①的实用主义理论与关于其内容的推理作用理论之间的结合，是 20 世纪有关心灵的英语分析哲学中的一件再明显不过的事件了。这或许是那种最具明确性的事件；不仅赖尔和维特根斯坦这么认为，还有杜威、塞拉斯、达米特、戴维森和许多其他名人都这么认为。但是，尽管如此，它却是一个错误的结合，它孕育出了诸多怪物。

首先要说的是，这些提法是连续的：有关概念占有的"知道如何"说明，至少在某些时候必须是正确的。这个相关的要点是，刘易斯·卡罗尔（一位维特根斯坦式的信徒）在他关于阿基里斯与乌龟的寓言中所提出的观点：并非所有的心灵从前提到结论的转换都能通过规则应用来被显示为间接的（mediated）；其中一些必须是"直接的（immediate）"，否则就会出现倒退。37 尤其是，如果遵守规则本身要求首先对遵守哪条规则来进行推理，或者对如

---

① 这真的是实用主义，还是仅仅是行为主义？这取决于遵循规则的"行为"是否有意向性的特征。无论是哲学文献还是心理学文献，都对此往往不太清楚，这无疑是应受谴责的。但我认为这无关紧要，因为概念占有的说明在这两种解读中都毫无希望。

何遵循它来进行推理，那么这个推理过程就永远无法开始。哲学家们总是做这种论证，并且确实如此。

但远非如此。概念占有必须始终具有一种倾向分析，这并不是一个论证；对于一些概念来说，至少一些时间节点上它必须如此。我认为，对被威胁的那个倒退的回应在认知科学中是相当普遍的（尽管相当奇怪的是，在哲学中没有）。这样，心理能力的计算模型总是假设至少一些推理过程中若干步骤是被构建到"该推理者的认知架构中的"。有时计算机在执行指令时遵循规则；但它们并不总是这样做。被指示移动其磁带的一台图灵机不必这样做，甚至不必考虑移动它的磁带程序；它只是（就像 20 世纪 60 年代的一个人所说的那样）如此做而已。①

那么，这就足够公平了；有时拥有一个概念能存在于知道如何推进之中，并且拥有一个倾向来推进之。但它仍然是容易受到攻击的，甚至在逻辑常项的情况下，无论有关概念占有的知道如何说明是否能拯救关于概念个体化的那种使用中的定义描述。事实上，我认为，存在一个潜在的两难困境，其中博戈辛的引文提供了一个明晰的例子。

博戈辛说，貌似合理的是："在某些情况下，我们在使用［一个表达式］e 的过程时，遵守规则 R 可以存在于我们被倾向于符合规则 R **当中**"。但这不能是正确的；仅仅符合 R 并不足以遵守 R。这是因为，遵守 R 要求一个人的行为拥有某种原因论（etiology）；概略地说，一个人的行为应该符合 R 的那种意图解释（或部分解释）为什么它确实符合 R。更不用说，你不遵守 R，除非 R 是你的心理状态之一的那个"意向对象"。

更多考虑这个形式模式，"x 遵守 R"在不透明的与透明的解读之间等值，这取决于等值置换是否被允许在这个 R 位置。存在一个解读之的方式，它使得"x 遵守 R"是透明的。在这种解读中，如果你倾向于遵守等值于 R

38

---

① 同样，假设有人告诉我："闭上眼睛，摸摸鼻子"。大概我必须决定一个为之遵守的计划；就是说，我得先闭上眼睛，然后摸摸鼻子。但是，如果我只是被告知闭上眼睛，我不需要制定一个计划去遵守；我只需要这样做。

的任何规则，你就会倾向于遵守 R；例如，如果你倾向于按照它的真值表来推理，你就会倾向于遵守"并且"的引入 / 消除规则。但是，对"遵守 R"的这种透明解读，对于实用主义者的目的来说，确实太弱了，记住，实用主义者的目的是定义"并且"，而不仅仅是定义"等值于'并且'"。另一方面，如果你不透明地解读"遵守 R"，那么你需要提供一个对"遵守 R"的分析，这使得遵守 R 并不要求掌握（知道 R；理解 R；等等），尽管它不是透明的。否则，我们就回到实用主义者想要避免的那种分析了；也就是说，根据"知道那"而不是其他另外的方式，来理解"知道如何"的那种分析。总之，在太弱的规则遵守分析和循环的规则遵守分析之间，实用主义者可以作出选择。我认为，这是一个真正的两难困境，对此无处可逃。归纳起来就是，你不能坚持认为，它的使用中的定义在"并且"语义学中具有一个特许的作用，你也不能坚持认为，掌握"并且"只要求以符合其使用中的定义的一种方式来推理即可。对遵守规则推理来说，符合规则推理并不是充分的。我重复强调一遍：你不遵守 R，除非 R 是你的心理状态之一的那个意向对象。

　　但是，我们不能就此止步；引起行为意图的、有关规则遵守的说明，需要一种描述，当与 R 相符合的、有所行动的意图是解释与 R 相符合的行为的（部分）东西时，这种描述是，关于什么东西是正在发生的。那么，如果对 RTM 和 CTM 的那种起作用的承诺仍然有效的话，那么对遵守 R 与符合 R 的纯粹行动之间的区别就在于，在前一种情况下，R 是心理上被表征的（正如人们所说的，"在那个意向盒中"），并且对 R 的那种心理表征是与符合 R 的那种行为之原因论相关联的。但是，如果这是正确的，那么唯有那个已经能在心理上表征合取的人能够试图遵守构成 AND 使用中的定义的那些规则。我认为，关键是这样的——尽管如此多的哲学家与此相反——采用规则遵守的一个倾向说明，并不会将有关语义学的一个推理作用理论从它隐含有关概念占有的一个循环说明中拯救出来；即使这种语义的说明被限制到逻辑词汇，也不会被拯救出来。也许我应该大声再说一遍：**采用规则遵守**

的倾向说明并不会将有关语义学的推理作用理论[①] **从它隐含有关概念占有的循环说明中拯救出来；即使这种语义的说明被限制到逻辑词汇，也不会被拯救出来。**也许我应该再大声一点，再说一遍。但是，转念一想，可能不应该这样。

事实上，一个人所知道的东西及其如何最终发生在他如何行动当中，有关这两者之间关系的实用主义理论与有关内容的推理理论，是存在明显张力的，尽管如今这两种理论经常被结合在一起。既然如此，将实用主义和意义用法理论结合起来的尝试，已经激发了许多糟糕的哲学，这并不奇怪。尤其是，关于概念个体化的那种使用中的定义的描述，想要某些根岑式（Gentzen-style）的推理规则来成为 AND 的构成成分。但是，根据概念实用主义者的说法，对"并且"占有所要求的东西只是：可靠地倾向于进行有效合取推理；在进行这些推理过程中你所遵守的规则（实际上，无论是否存在在进行推理的过程中你所遵守的任何规则），与你是否掌握了 AND，彼此并不相关。对，我真地认为：你并不能用这两种方式拥有它。诉诸其使用中的定义（或实际上，诉诸对 AND 的任何其他定义；或诉诸对 AND 的推理作用的任何其他属性），对 AND 语义学的一种说明，本质上是唯智主义的，并且不得包含对 AND 占有在产生循环痛苦方面的一种倾向说明。[②]

对，假定在 IRS 和概念占有的实用主义理论之间的选择是不相容的，这种论断是正确的。尽管如此，到目前为止，仍然没有任何人对这两者中哪一个应该被抛弃这样的问题带有偏见？我认为，事实上，这两者都是站不住脚的；概念占有的实用主义理论站不住脚，是因为它导致我们已探讨过的那种循环性；IRS 站不住脚，是因为它不能适应概念内容的组合性。如果是这样

40

[①] 如上所述，一种定义性的语义学就是一种特例。

[②] 事实上，这只是一个非常普遍考虑的特殊情况：作为一名实用主义者，如果你坚持将心理状态与倾向相提并论，那么你就无法通过心灵从一种状态到达另一种状态的计算路径来区分心理过程。计算不适用于倾向，它们适用于表征。赖尔一维特根斯坦式的心灵哲学研究在这方面失败了。这就是为什么它没有提供有关心理过程的任何描述。

的话，那么在过去 50 年左右的时间里，哲学和认知科学不得不对概念和概念占有所言说的大部分内容就不为真；这让我突然想到一个结论，看似独立并且是相当貌似合理的。这便是本章第 2 部分要讨论的话题。

2.2　实用主义和组合性论证

本章的前半部分考虑了一种理论，它将（至少一些）概念个体化的一种使用中的定义与概念占有的一种实用主义的、"知道如何"说明相结合。①前者通过诉诸推理中支配一个概念作用的那些规则，声称重建该概念的"内容"或"含义"的直观观念。后者声称避免在规则遵守的唯智主义分析中所暗含的那些循环性和倒退。将这两者结合起来（声称）阐明了概念内容的推理作用说明和概念占有的倾向分析如何能够相互融合。这算是具有相当重要的意义，但是，（或多或少）这是哲学和认知科学的大部分领域中的当前共识。

然而，第 2.1 节的主要结论是，主流观点的两部分并不真正契合；甚至在像 AND 这样的范例中也不例外。如果你把这两部分结合起来，你所得到的就是一个循环。其关键是，你（或许）能够通过概念的使用中的定义来个体化这些概念；但是，如果你这样做了，那么你对概念内容的描述与你对概念占有的描述就会相脱节，而实用主义者把这当作绝对不能做的一个原则问题。②这并不是有关概念占有的实用主义说明的所有问题。并且远非如此。

---

① 我能够轻松地想象到，一个哲学家这样说："但是，你不能拥有有关概念的一个理论或者有关概念占有的一个理论；这些都不是一个人能够拥有有关它们理论的那种东西。"当然，反驳这一抱怨的方法就是，提供这个理论。我们正在努力。

② 这是大卫·皮尔斯的一段话，给了我们一种感觉。（皮尔斯正在讨论休谟的论文，即一个典型概念是某种心理意象。）"当一个概念表现为一种心理意象时……它不能识别为该意象……我们必须补充的是，它只是具有特殊功能的意象。……维特根斯坦不仅坚持认为，这种意象必须拥有一个功能，而且认为该功能是我们对它的使用"（1990：25）。但是，尽管维特根斯坦经常因为这种观点而备受指责，但它在美国实用主义运动中有着悠久的历史，尤其是在皮尔斯、詹姆斯和杜威的思想里。

我在引言中提出，组合性是对有关概念（/ 词汇）内容的任何严肃理论的一种非常重要的约束；并且，引申开来，也是对有关概念占有的任何严肃理论的约束。思维的系统性、产生性等要求：BROWN DOG 的内容是来自 BROWN 的内容和 DOG 的内容的一种构建。同样地，对于 BROWN DOG 的占有条件也是如此：它们必须解释为什么那种拥有 BROWN 和 DOG 的人进而拥有他所需要掌握 BROWN DOG 的全部概念。概念的产生性与概念占有的产生性是相辅相成的；两者缺一不可，而组合性又是两者的本质所在。现在我要论证的是，抛开循环性不说，对概念占有的实用主义说明（作为知道如何）不能是正确的，因为它与一个概念占有条件的组合性不相容。

42

首先，让我们假设，AND 是由它的引入规则和导出规则来区分的。然而，把 AND 当作普通模型的一个实用主义视角还是有风险的，因为一个人拥有概念是由他在推理中使用它们构成的，这显然通常并不表明这些概念是真的。[1] 不同于 AND 的是，大多数概念都适用于世界上的事物。或者，无论如何，这就是它们被假定来做的事情。因此，拥有 DOG 就要求知道如何将这个概念应用于狗；[2] 而一个人对 AND 的掌握并不足以声称为此提供了一个模型。

这样，除了掌握概念 C 的推理作用外，要拥有这个概念还需要什么呢？我所听过的有关概念实用主义的所有表述都坚持认为，构成概念占有的那些能力是以下两者或者其中之一：知道如何使用 C 来作出包含 C 的推理，以及知道如何将世界中的事物划分成 C 类和非 C 类。或许，正是一个实用主义者所诉诸的第二种能力，用来解释拥有 DOG 及其类似物如何与拥有 AND 及其类似物有何不同。因此，让我们来讨论这样划分狗的那种能力吧。[3] 首

---

① 我认为这是老生常谈，但也有人不这么认为，见布兰顿（2000）；相关讨论见福多和勒伯（2007）。

② 当然，这到底意味着什么，还有待激烈讨论。标准的实用主义观点是，拥有 DOG 需要能够根据它们是否是狗来进行大致划分。在我看来，这不可能是正确的，因为对狗进行划分需要使用概念 DOG 来考虑它们。这两种观点还有待进一步探讨。

③ "就其本身而言"是为了提醒我们，在这种情况下这种"分类（sort）"是内涵的。假设狗

先要说的是，除了（可能）上帝之外，确实没有人拥有这种能力；如果能够对狗进行这样的划分，就意味着在任何过时条件下能够识别任何老狗，依然没有人具有这种能力。当然拥有 DOG 对此还不够充分。想想非常非常小（比如说，比电子还小）的那些狗，或者非常非常大（比如说，比整个宇宙都要大）的那些狗，或者在一个人的光锥体之外的那些狗，或者直到我们这个物种灭绝后才会出生的那些狗，或者在一个漆黑的夜晚你所遇到的那些狗，或者当你碰巧闭上你的眼睛所想到的那些狗，等等。也许有可能完成这份清单，但我们没有理由这么认为。我想这一点是毫无争议的，而实际上仍是老一套。这正是实证主义者的绝望之处。

论述最后几段之关键所在的一种方式是，根据拥有 C，你所能够划分的东西是特别依赖于语境的。同样地，它也依赖于对 C 的选择。像这样对狗进行划分的良好条件与对鱼进行划分的良好条件截然不同；这些又与对双簧管发出的声音进行划分的那些良好条件截然不同；等等。

这个道理也很老套：如果对 C 占有划分条件，那么它们对 C 所适用事物的识别条件必须详细说明哪些是"好的"或是"常规的"；如果这样的条件没有被获得，那么没有划分 C 的能力，这并不妨碍一个人拥有 C。① 我不会为此争论不休的；我会把这当作共同的基点。

目前对这样的结论存在一条明确的思路，即划分 C 的能力不能是 C 的一个占有条件；也就是说，"常态"条件本身并不构成这种占有条件。那些划

是奶奶最喜欢的动物；即便如此，将动物分为奶奶的最爱和其他动物的这种划分能力，也不能完全证明掌握了"DOG"这个概念。它可能只是表明掌握了"GRANNY'S FAVOR-ITE ANIMAL"这个概念。

① 这种观点具有广泛的应用。考虑一下在哲学文献中经常遇到的一种说法，即存在某种形式的论证（例如，从 P&Q 到 P 的论证）使得：没有任何一个理性的人能够无法接受他们的实例，这是先验的。在这里，这种说法是不可信的，除非有一些警告；特别是，论证形式在所讨论的情况下是清晰易懂的。如果前提是，例如，长达 10^{10} 字数的语词，那么一个人无法接受与完全理性且兼容地拥有概念 AND 所相容的合取简化实例。因此，理性的标准（如果可能存在这样的事情；我一分钟都不相信）必须是形式约束和经验约束的特有混合。你认为这样的标准是先验的可能性有多大？

分 A 的常态条件为 B，这样的常态条件并不需要由划分 A 的常态条件与划分
B 的常态条件共同决定。考虑鸟类学概念 NIGHT-FLYING BLUEBIRD。[①] 假
定拥有这个概念，除其他外，包括能识别这类（如此这样）实例。嗯，夜间
飞行物最容易在夜间（如此这样）被识别。但是，识别蓝知更鸟（如此这样）
的最佳时机是在大白天。这样，有人可能会说，NIGHT-FLYING 的那些常
态条件"掩盖了"BLUEBIRD 的常态条件：事实上，满足其中一个的常态条
件就是不满足其中另一个的常态条件。更不用说，如果划分能力是其中之一
的话，NIGHT-FLYING BLUEBIRD 的占有条件就不是组合的。

对此没有一种情况在否认：存在识别夜间飞行的蓝知更鸟的那些常态条
件。也许这些鸟儿拥有一种独特的歌声，它们的歌声总是意味着它们的存
在；如果这样，它们能按照其所唱的歌声来进行划分。然而，关键在于，
识别夜间飞行的蓝知更鸟的那些常态条件不能由识别蓝知更鸟的常态条件
和识别夜间飞行东西的常态条件所构成：根据假设，一个人用来划分夜间
飞行的蓝知更鸟（它们的歌声或其他）的那些属性，既不是根据夜间飞行
物所具有的那些属性，也不是根据它们作为蓝知更鸟所具有的那些属性。
既然如此，通过了拥有 NIGHT-FLYING 和拥有 BLUEBIRD 划分测试，并
不保证通过拥有 NIGHT-FLYING BLUEBIRD 的划分测试，反之亦然。

顺便提一句，"反之亦然"很重要。我听说过（大约八百万次）这表明，
可能（在划分或其他方面）认知约束适用于初始概念的占有条件，并且复杂
概念的内容是来自其初始构成成分的外延的一个构造。拥有 BROWN 意味
着能够将棕色的东西从其他东西中划分出来；拥有 DOG 就是能够把狗这类
东西从其他东西中划分出来，并且 BROWN DOG 是这样一个概念：这个概
念的外延是棕色的东西和狗这类东西的交集。

斯纳克：[突然出现]。如果存在不止一个概念，其外延是棕色的东
西和狗这种东西的交集，那会怎样呢？

[①] 当然，这是哲学的鸟类学。一方面，据我所知，没有夜间飞行的蓝知更鸟；但是，另一
方面，没有也没关系。

作者：住嘴！

斯纳克：［突然消失］。

但这不能是正确的。倘若这样，可能会是：拥有 BROWN DOG 而无须拥有 BROWN，但事实上并非如此（见原著第59—60页）。

这就留下了一类实用主义者热情承诺并不会回避其实质的问题（我应该想到的）；也就是说：如果复杂概念的那些占有条件不是认知的，那么它们究竟是什么？对于一个心灵来说，正是什么拥有这个概念，其｛棕色的狗｝是其外延？当然它不可能像这样的东西，即知道、相信，或者能理解 BROWN DOG 的外延是棕色的东西和狗这类东西的交集；因为这正是实用主义者所回避的那种对概念占有的笛卡尔式说明。但它也不是认识论的东西（比如能够识别外延 BROWN DOG 中的东西），因为正如我们所看到的那样，概念占有的认知说明对复杂概念并不有效；即使它对它们的构成成分有效。那么，现在怎么办呢？①

如果能够对 NIGHT-FLYING BLUEBIRD 的例子进行划分，这是拥有这个概念的构成成分，那么 NIGHT-FLYING BLUEBIRD 的占有条件并不构成这个概念。但概念的占有条件必须构成这些概念；② 否则如何解释为什么我们的概念是有产生性的和系统性的呢？因此，划分能力并不是概念占有的构成成分。事实上，没有任何认知的东西是概念占有的构成成分③，因为任何认知条件都必须已经与常态条件相关联；再重复一遍，常态条件通常本身并

---

① 情况仍然比这所暗示的更糟。假设 C 是一个复杂概念，其中 C′ 是一个构成部分。假设 C 上有一些 C′ 不共享的占有条件（因为它可能是分类条件）。然后，一个生物体有可能在没有 C′ 的情况下拥有 C；一个明显不能令人满意的后果。可以肯定的是，人们可能只是规定，除非某人拥有一个复杂概念的构成成分，否则他不拥有这个复杂概念。但可以肯定的是，人们不应该需要规定：它应该遵循一个人对其组合性的描述。

② 或者，至少在许多情况下，他们必须这样做，NIGHT-FLYING BLUEBIRD 肯定也包括在内。请注意，你不需要教练来掌握夜间飞行的蓝鸟这个概念；我一提到你就明白了。

③ 由此可见，概念不能是像原型那样的东西，尽管在认知科学共同体的心理学阵营中，对拥有一个概念与对应原型的这种等同是被非常广泛认可的。进一步讨论，参见福多（1998）；实验演示参见康诺利等人（2007）。

不是组合的。①

让我们暂停一下，看看我们讲到哪儿了。在第 2.1 节中，我论证到，拥有概念 C 不能等同于知道 C 是由 R 所支配的，且其中 R 是推理中使用 C 的一条规则。一开始这种说明看上去就是循环的，并且经过仔细研究，它仍是循环的。这表明，实用主义者已经使得概念个体化与概念占有之间的那种关系搞反了（backwards）。"拥有 C"的分析预设 C，而不是反过来。与实用主义者相反，概念的个体化在解释序列上优先于其占有条件的具体化。以这种方式把事情弄反了，这完全是实用主义者的特点。

我还论证到，这种情形不能通过说拥有 C 就是倾向于依照 R 而有所行动来加以补救。问题是，"依照 R 而有所行动"在"R"位置上是外延的，因此，在其解释对 R 的把握上根本不起作用的那些行为仍然能与 R 相一致。

第 2.2 节已经专门讨论实用主义者的说法：至少在某些情况下，C 的占有条件包括在"常规"条件下知道如何划分 C。反对意见是：由于常规条件本身并不构成之，概念占有的这种说明不可能为真。实用主义确实死亡了。 47

实用主义确实死亡了(或者我已经提及过这了吗?)。并且，据我所知(以及把取消主义放一边)，关于概念占有实用主义的唯一可行替代方案就是关于概念占有的笛卡尔主义。那也就是说，正是这样一个论题：拥有概念 C 就是能够思考关于 Cs（诸如此类）。因此，正如亨利·詹姆斯喜欢说的那样，"我们在这里"。

斯纳克： [再一次表明]。我回来了。

   作者： [没有表现出极大的热情]。所以它就会出现。

斯纳克： 我能提出一种合法的观点吗?

---

① 特别地，这意味着，我们不能把拥有 C 和识别 Cs 之间的可能内在联系作为打击怀疑论者的棍棒。范例论证就是范例论证："当然存在椅子；任何拥有概念 CHAIR 的人（/ 理解'椅子'这个词）都能识别这是其中之一 [指着椅子]；相反地，任何无法识别这的人都并不拥有概念 CHAIR。因此，关于椅子的怀疑论并不是一个连贯的选择。"这是一个非常糟糕的论证；所有为真的是，如果拥有概念 CHAIR 的某人无法识别这是一把椅子，这不可能是因为他没拥有概念 CHAIR。（也许这是因为识别椅子的常态条件并不满足这样的情况。）

作者：我可以阻止你吗？

斯纳克：好吧，你说：无论拥有概念 C 可以相当于什么，它都不能
相当于知道如何使用 C，因为使用 C 将预设拥有 C，这是
不可避免的。但你自己坚持认为，拥有概念 C 是由一种能
力所构成的，即由思考关于 Cs 的那种能力所构成的。因
此，为什么这不能使你也成为一个实用主义者呢？为什么
你的这种实用主义者和普通类型实用主义者之间的区别并
不在于：后者认为概念个体化能力是类似于推理或划分能
力，而你认为这种概念个体化能力是类似于思考关于或思
维中呈现的能力一样？

作者：如果你愿意的话可以这么说，但我认为这多半是胡说八
道。假定能够思考关于 Cs 本身就是知道如何使用 C 的一
个情况。但是，没有任何形而上学的兴趣可言，因为，根
据笛卡尔主义者（为了反对他们，这些问题不可以被回避
其实质），能够思考关于 Cs 并不要求划分 Cs 或作出包含
C 推理的那种能力。通常，形而上学中令人感兴趣的问题
是：什么是分析的恰当序列；而且，有关 Cs 的思考本身就
是有关 C 的一个使用，对此我们是否说过，其实这并未触
及问题的关键所在。然而，存在一个实质性的观点，无论
如何都不应该被忽视的观点。我们已经看到，划分能力和
推理能力并不是构成的，相比之下，思考关于的能力才是
构成的。如果你能思考关于狗（诸如此类），并且你能思
考关于棕色的东西（诸如此类），那么你就能思考关于棕
色的狗这样的东西（诸如此类）。在我看来，这其中的要
义既清晰又紧迫；概念占有理论所要求的基本解释范畴并
不是知道如何，而是思考关于。弄错了这一点就会滋生出
许多怪物，其中包括概念实用主义。

48

2.3 结 论

我认为，在认知科学和心灵哲学中我们早就需要一场期待已久的肃反运动了。心灵是为了思维而来的，这是一个笛卡尔式的老生常谈。概念是为了思维一起伴随而来的，这也是一个笛卡尔式的老生常谈。由于种种不好的原因（尤其是出于对怀疑论的恐惧[①]），20 世纪的学界开始无视这些老生常谈；事实上，学界也开始认为，无视它们就是对关于心灵负责任理论化的一个条件。这样，总的来说，20 世纪的学界曾认为，心理状态就是倾向，而且典型的是通过行为表现出来的那种倾向。

但是，20 世纪的学界错误地这样认为，并且这种研究也已经土崩瓦解了。这并不奇怪。心理状态具有因果力。实际上，我拥有概念 C 和有效使用概念 C 本身就是我的 C 分类行为的一部分原因。相反，纯粹倾向并不会使任何事情发生。引起一个易碎玻璃杯破裂的原因，并不是它的易碎性；一个易碎玻璃杯可以永远完好无损地放置在壁炉架上。引起一个易碎玻璃杯破裂的原因是它被摔落。同样引起我手臂抬起的原因是我决定抬起它。从我仅仅倾向于抬起手臂过程中，没有任何东西随之而来。

49

————————

① 实际上，心理学家通常并不太关心怀疑论。但他们确实关心测试，设计一个实验来测试 Ss 是否能对 Cs 排序要比设计一个实验来测试 Ss 是否能想到 Cs 要容易得多。（尤其当 Ss 是老鼠或鸽子时。）我不止一次被告知，如果笛卡尔主义是正确的，实验认知心理学是不可能的。事实上，当然，这是非常夸张的；但假设是这样。一个好的认知心灵理论的一个条件，能真正地为认知心理学家提供研究工作保障吗？

3

LOT 遇到弗雷格问题（在其他问题当中）

3.1 引 言

这里有两个密切相关的问题，有关意向心理状态和过程的一个理论可能合理地被预期来陈述：弗雷格问题和公共性问题。[①] 在这一章中，我想使你信服有时我自己都几乎相信了的事情：RTM 的一个 LOT 版本有能力来处理这两个问题。我也很想这样做，但由于我确信我不会这样做，所以我会退而求其次，从 LOT/RTM 视角对其相关情况进行概述。

倘若指称就是意义存在的所有一切，那么在语言公式中共指称表达式的替换就应该保持为真。当然，它应该是：如果"Fa"为真，并且如果"a"和"b"指称那个相同的东西，那么，"Fb"如何也能够为真？但众所周知的是，存在一些"不透明的"语境（具体来说，包括命题态度语境），在这些"不透明的"语境中，共指称表达式的替换并不保持为真。约翰能够合理地怀疑西塞罗（Cicero）是否是图利（Tully），但不会怀疑图利是否是西塞罗；等等，这些已经不是什么新鲜事了。我会把那些在共指称表达式的替换无效情况下的例子称为"弗雷格案例"。

如果在 PA 语境中替换总是失败（有争议的是，如同它在引号中总是如

---

① 一个概念是"公共"的，当且仅当 (i) 不止一个心灵能够拥有它，(ii) 如果一个给定心灵的一个时间切片能够拥有它，其他人也可以。

此一样），那么，存在弗雷格案例，这也就不会如此糟糕；我们可以这样说："嗯，由于某种原因，这样的语境对于替换来说是刻板的；我明天再担心为什么这些语境会如此"。但共同之处在于（或多或少）：存在正在进行的某种相互作用，因为同义表达式——具有相同内容的表达式——确实替换后真值保持不变，甚至在（PA）语境中。这样，从表面上看，关键在于：指称不能够是和内容一样的东西。

斯纳克：有谁曾说过确实如此呢？我认为，我们的主题是 LOT 和 CTM 的可行性（或其他）。据我所知，把内容与指称相等同，这对彼此都不是本质固有的。如果你想中途改变话题，那就换吧。但是我要对此额外付出代价了。

作者：是的，但有一个隐藏的计划。我们一直在心灵的自然主义理论语境中谈论 LOT 和 CTM；也就是说，在（心理）内容的自然主义理论语境中谈论之。说不存在心理内容这样的东西（但这不是一种自然现象），这两者之间的区别让我觉得不值得争论。好吧，如果这就是一个研究课题，那么——接下来我将试图阐明其原因——我认为，到目前为止，这种具有指称类型的内容提供了自然化的最大希望。因此，这个计划是这样的：

1. 通过建构 PAs 的自然主义理论，使得 PA 心理学在形而上学上受到推崇。

2. 通过建构心理内容的指称理论，使得 PAs 在形而上学上受到推崇。

3. 通过自然化指称，使得心理内容的指称理论在形而上学上受到推崇。

但是，你会注意到，只有当指称理论能够做任何心理学要求心理内容理论所能做到的事情时，貌似合理的是，获得(iii)才会获得(i)。乍一看，弗雷格案例显示它不能如此；

51

52

从表面上看，弗雷格案例显示，内容的一个纯粹指称理论不能解释 PA 语境中替换性的失败。或者，把这个同样的问题以一种决定性方式来谈论（我认为，这是它应该如何被谈论的方式）：如果内容恰好就是指称，那么当 a=b 时，一个信念能够是什么样的东西？它使得相信 Fa 而不相信 Fb，这成为可能。

这样，我们当中既对 RTM 友好又对自然主义友好的一些人，就会达成一种战术上的划分阵营。一种选择是，接受弗雷格案例的那种表面上所隐含的东西，并寻找表达式所分享的东西（称之为表达式的含义），当且仅当在 PA 语境中彼此的替换有效时。那剩下的（也是非常重要的）问题就是，按照这样的解释，会为含义提供一种自然主义说明。[①] 另一种选择是，以某种方式缩减弗雷格案例；并且论证：它们显示出比通常所假定的、关于内容（或关于命题态度；或关于两者中的任何一种）的更少东西。

我认为，即使只有一个人能够圆满完成之，那么内容的一个纯粹指称理论会是非常值得期待的。至少，我们可能合理地偏好一个与其指称语义学可兼容的 LOT/CTM 版本。这里有一些理由，并且附有一些简短的评论。当然，这是一个题外话；但我假定你现在已经对此习惯了。

53

3.2 题外话：意义或指称或两者兼而有之

（i）如果语义学就是识别一个表达式的含义和指称作为其内容的决定因素，那么它就必须说明是什么把这两者联系在一起。（看上去很清楚的是，它们不是独立的；我假定不能够存在一个这样的语词，它既意味着单身汉，却又指称门把手。）这个问题变得错综复杂。一方面，普特南关于水和 XYZ

---

① 弗雷格显然认为，含义的自然主义理论是不值得讨论的；胡塞尔也是如此认为；我也是如此认为。然而，他们并不介意含义的自然主义理论是不值得讨论的，因为他们不是自然主义者。我是自然主义者，所以我介意。

的众所周知的论证已经使得许多哲学家相信意义并不决定指称（或者无论如何，心理内容并不决定指称）。另一方面，很明显，指称也并不决定意义，因为许多含义能够拥有相同的外延。那么，这两者之间的关系是什么呢？如果指称是区分诸多心理内容的唯一语义属性，那么我们就不用担心这种问题了。如果不是，那我们就得为此深陷其中。

（ii）用指称来识别意义的标准替代方法是一种"二因素"语义学，根据这种语义学观点，语词（/概念）同时具有指称和含义。如今，含义被广泛假定为某种类似于推理作用的东西，所以我所想到的这种观点涵盖在"推理作用语义学"（IRS）名称之下（见第 2 章）。① 因为，无论好坏，IRS 是到目前为止二因素语义学最流行的版本（在哲学中或多或少是明确的，在认知科学中或多或少是隐含的），它将是接下来讨论的主要内容。

斯纳克：如果我是那种认为存在含义但并不认为它们是类似于推理作用东西的人，那该怎么办？

作者：那你只能靠你自己了。别忘了带一把雨伞。

现在，从表面上看，一个表达式的推理作用是由它与属于同一语言的其他表达式的推理关系所构成的。这样，根据 IRS，整个语言的个体化是形而上学地优先于属于它们的那些表达式的个体化。同样，整个概念系统也是优先于构成它们的那些概念。经过反思，人们可能会发现这很奇怪。当然，区分"chien"和其他语词而无须首先区分法语和其他语言，这可能吗？首先，一个人用一组（可能是无限的）语言表达式来识别法语，包括"chien"，然后通过指称他们的音韵、句法和语义来依次被个体化。这样，形而上学分析的适当方向就是从"'chien'是一个发音为 [she-an] 的名词，并且意指

54

---

① 有可能找得到哲学家和（更经常）支持无指称语义的语言学家，特别是 IRS 的一个版本，根据该版本，一个表达式的内容完全由其在推理中的作用所构成。在这种说法中，语词和概念都不指称任何东西。乔姆斯基和杰肯道夫说过一些话，表明他们赞成这种观点（也见布兰顿 2000）。但我不明白一个语义学如何能避免陷入唯心主义唯我论，除非它承认某种符号世界的关系。无论是好是坏，我假定在接下来要谈的是，我们使用"桌子"和"椅子"来（分别）谈论桌子和椅子。

狗"到"法语是包含（除其他外）意指狗的一个语词'chien'的那种语言"。①
甚至对是否确实存在如语言这样的东西持怀疑态度的语言学家（事实上，许
多语言学家都是如此）可以毫无矛盾地接受这种论断："chien"是一个语词。

因此，可以说，假定含义会要求某种 IRS；并且 IRS 会要求某种语义整
体论；并且语义整体论会要求对语词和语言的形而上学进行一个并非十分可
信的说明。相比之下，初步看似合理的是：指称是原子论的；表达式"a"是
否指称个体 a，这是表面上独立于任何其他符号指称任何其他个体的。事实
55 上，表面上看似合理的是，"a"可能指称 a，即使不存在任何其他符号。关
于一种语言的整个真可能是：它唯一形式良好的表达式是"约翰"，并且"约
翰"指称约翰。我确实认为未被破坏的直觉支持这种观点；"约翰"指称约翰，
这一事实似乎并不依赖于"狗"指称狗这样的事实，可能如此。②

（iii）正如我假定的那样，如果 IRS 本质上是倾向于整体论的，那么它
就是心理学家和心灵哲学家特别希望避免的那种有关内容的说明，因为正是
仅仅在任何给定概念的占有对任何其他概念的占有都不敏感的范围内，概念
占有才能够合理地稳定在人和时间的变化之上。我猜想荷马拥有概念 WA-
TER，并且我猜想我也拥有之。但是，我拥有许多他未曾拥有的概念，并且
他拥有很多我没有的概念。同样地，虽然自七岁以来我就已经获得了许多概
念，但今天我仍然拥有那时曾经拥有的许多概念；如果学习是累积性的，这
似乎是被要求如此。③ 当我们讨论公开性时，我们将回到这些相关的问题。

---

① 当然，这种说法是有倾向性的；有些人认为法语可以从地缘政治的角度进行识别。（例如，
在某个空间区域和 / 或特定人口使用的语言）。然后，我们可以识别"chien"这个词，在
法语中的意思是狗。然而，这个提议并不明显可信；当然，这种模态直觉是，法语可能已
经在其他时间或地点被使用。或者，就这一点而言，根本不是如此。相关讨论参见德维
特和斯特雷尔尼（1987）、考伊（1999）。

② 这里的问题不是奎因对本体论相对性的担心。假设一种语言的本体论把有关个体的时间
切片当作个体。当然，这个符号对这个时间切片的指称依赖于那个符号对那个时间切片
的指称，这并不是貌似合理的。从形而上学的角度来说，即使任何时间切片的存在都依
赖于其他时间切片的存在，那也是如此。

③ 也许你（就像许多相信认知发展"阶段"的心理学家一样）坚持认为，儿童所拥有的概

总而言之，目前一个整体论语义学产生关于心理的东西个体化问题，这正是一个原子论语义学可能合理地希望避免的那种问题。

56

　（iv）考虑语言（和心灵）的产生性和系统性①，这有力表明：复杂表达式(/思想)的句法和语义都必须由其构成成分的句法和语义组成。② 很显然，要想设计出符合这一条件的 IRS 版本是极其困难的。③ 相比之下，语义组合性最清晰的可用例子涉及复杂短语的指称和它们构成成分的指称之间的关系："棕色的牛"指称棕色的牛，因为"棕色的"指称棕色的并且"牛"指称牛。可以确定的是，在为任何自然语言现实地构造一个复合的、指称的语义学过程中，存在许多问题案例；迄今为止，任何人所拥有的最好东西就是：制造碎片。在此仍然还有一个公认的研究传统，而且已经取得了公认的进展。但对于 IRS 的真来说，远非如此。④

　如同以往我所宣称的那样，我认为所有这些的核心在于：拥有对弗雷格案例（其至少与指称语义学是相容的）的一种分析，这会非常好。但这样一种分析的可能性是什么？蜂拥而至的哲学家们已经坚持认为，弗雷格案例正在使更多的人相信这样的论证：概念不仅拥有指称物，而且拥有含义。好吧，使人信服这些论证可以如此，但使人明白它们却并非如此。我确实认

念与成人的概念完全不同，以至于儿童不能像我们和长大的霍皮人那样对相同思想作出思考。如果是这样，那就这样吧。但你肯定希望这样的论断是经验性的；你不希望通过有关心理（/语言）表征个性化的先验假设而被迫作出这些论断。指称语义学让这些问题悬而未决，但 IRS 似乎关上了这扇门。语言相对论者几乎总是假定词项/概念的内容随附于它们的推理作用上，这并非偶然。

①　人们可以想象一种观点，根据这种观点，首先只有思维是组合的，并且语言的明显产生性、系统性等都寄生在它们被用来表达的这些思想上。事实上，我倾向于认为，这是一种正确的观点（见福多，2004）；但目前的讨论并不关心这些。

②　相关讨论参见福多和皮利辛（1988）；相关评论参见艾扎瓦（2003）。

③　相关讨论参见福多和勒伯（2002）。

④　我强烈怀疑组合性所带来的问题是 IRS 所本质固有的。我听说过的那些版本（主要是有关"意义是原型"这种想法的变种）假设拥有一个概念（/理解一个词）是从认识论上被解释的。但是，这种认识论属性本身是非组合的。有关讨论和一些数据参见康诺利等人（2007）。

为，弗雷格案例表明了概念的个体化必定存在比它们所指称的东西多得多的东西。但这并未得出，这种多得多的相关东西就是该概念的含义，甚或是该概念内容的一个决定因素。这并不能如此推出，并且我怀疑这为真。

题外话的最后，还有这个警告：据我所知，存在支持弗雷格案例标准结构的所有东西就是模态直觉，这种直觉（例如）是关于：某人是否能够相信昏星是潮湿的，而不相信晨星是潮湿的。模态直觉是好东西；它们不能简单地被忽视。但是，由于它们迫于压力并且受到诸如简单性、连贯性、解释力等方面的理论要求，原则上它们是能够时不时被否定的那些东西；并且先验地决定这些是哪些时刻，这是不可能的。能确定的是，产生弗雷格案例的那些直觉是完全错误的。[①] 如果是这样，那就这样吧。

题外话扯远了；我们回到弗雷格的问题本身。我想试图说服你们，它没有人们普遍想象的那么可怕；尤其是，共指称概念无法替换的那些直观报告所在的地方，其实是基础比较薄弱的地方。我认为大多数这样的标准例子都是模糊的。我的策略是蚕食它们，直到所剩的一个问题：在 PA 语境中，共外延的基本概念是否可以替换。接着我将论证，如果假定 RTM 和 CTM，关于基本概念的弗雷格问题就会自行消解。（这是一个全新的开始；在其他出版物中我已经阐述过其他解决方案，但没有人发觉它们非常有说服力，甚至我也没有发现。"洗洗杯子，继续探探究竟。"）

3.3 第一点：复杂概念

在早期的《人性论》（1739/1985）中，休谟注意到这样一种区分：其"本身延伸到我们的印象和观念。这种划分将它们分为简单的和复杂的。简单的印象和观念就是诸如承认没有区别也没有分离。这种复杂的……可被区分成诸多部分"（第 50 页）。休谟认为，正是关于产生性的主要问题才促成了这

---

① 当然，有一种方法论柏拉图主义，根据之，模态直觉实际上被认为是万无一失的。我认为这是荒谬的（据我所知，甚至没有人已经尝试过解释它如何能为真）。

种区分：我们的简单观念不能超出我们的经验，[①] 而"我们的许多复杂观念从未拥有过与之相对应的印象，……我能自己想象诸如新耶路撒冷这样的一座城市……尽管我从未见过任何这样的城市"（第 51 页）。当然休谟不是一位 LOT 理论家；他认为典型心理表征是非话语的（nondiscursive），也许是类似意象（images）的某种东西。但是 LOT 也需要一种简单 / 复杂的区分，而且休谟所说的原因有很多：心灵是产生性的和系统性的，因为复杂心理表征拥有简单表征作为其（终极）部分，也因为简单表征能够以无限多的方式重新组合（休谟说，通过"想象"）。这种论证思路仍然有效。[②]

这样的话，如果 LOT 被假定，那么这种简单 / 复杂区分是如何进行的？我会简要概述之，因为相关要点都非常熟悉。

在心理语言被认为是类似语言的这种考虑当中，有一种观点认为，心理语言的公式展现出构成成分构造。[③] 近似地，一个话语[④] 表征的构成成分是其语义上可解释的诸多部分，并非话语表征的所有组成部分都需要是语义上可解释的，这正是话语表征的特点。考虑下面如句子（1）的一个复杂表达式。它的构成成分包括：这个句子本身，与之一起的词汇项[⑤]"约翰""爱"和"玛丽"，以及两个短语"约翰 NP"和"（爱玛丽 VP）"。相比较而言，在它

---

① 这忽略了关于"缺少蓝色阴影"的不良问题。也许，作为经验论者，休谟已经担忧的东西应该比他曾经担忧过的东西更多：但我们不是经验论者，因此我们不需要担忧这么多。

② 联结主义者经常试图破坏它，但收效甚微。有关讨论参见福多和皮利辛（1988）。

③ 我应该假设语言表达式（无论是英语还是心理语言）具有其内在的构成结构。根据这种谈论方式，在被充分分析的语言或心理表征中不存在构成结构上的模糊性。例如，并非存在这样一个英语语句"我穿着睡衣打死了一头大象"，在解析（穿着睡衣的）我射击（大象）和解析（我）射击（穿着我的睡衣的大象）之间，这是模糊的。相反，存在两个英语语句在形态学上是相同的，但其构成结构不同。如果主题是心理语言方面的，那么决定谈论这种方式并不是不必要的；这样被要求的目的就是为了心理过程应有其应用的独特领域。目前会有更多此类问题。

④ 我通常使用"话语的（discursive）"作为"类似语言的"的简洁说法，用"图标的（iconic）"作为"类似意象的"的简洁说法。有关讨论参见第 6 章。

⑤ 词汇项（自然语言中大概是语素）和整个语句都是根据这种谈论方式来限定有关构成成分的。

的"部分"当中，它拥有如（例如）"约翰爱"的非构成成分，也拥有（假设"部分"能够是不连续的）"约翰……玛丽"。因此，一个话语表征的每个构成成分都是其诸多部分之一，反之亦然。

（1）约翰爱玛丽。

我假定，这一切也适用于心理表征。通常，在心理语言情况下的这些论证与英语情况下的论证并行不悖。

我们会看到，以一种非常直接的方式，这有助于我们处理弗雷格案例。假设，按照组合语义学的一般做法，一个复杂表达式的每个构成成分都以其语义内容来决定其整体的语义内容。[①]（如果这种语义学被假定是指称的，那么一个复杂表达式的每个构成成分都会以其所指来决定这个整体的指称。）因此，在（1）这个例子中，"约翰"贡献给（这个个体）约翰，"玛丽"贡献给玛丽，"爱"贡献给 x 爱 y 这种二元关系，"爱玛丽 VP"贡献给有关爱玛丽这样的属性，这样的属性是这整个句子所述的、约翰所拥有的属性。现在问题来了：复杂话语表征的构成成分，除了它们的指称物，还有什么贡献给它们的这个整体？是的，这很明显。例如，在语言学例子中，每个构成成分都贡献出它的发音/拼字方法。[②]句子（1）发音的方式，正是因为"约翰"，"爱"和"玛丽"发音的方式。还有别的吗？这里有一个想法：一个构成成分概念（/语词）对它的整体所贡献出的东西之一就是它的占有条件。

例如，考虑 BROWN COW 这个概念。毋庸置疑的是，拥有 BROWN COW 这个概念的一个条件就是拥有构成成分概念 BROWN 和概念 COW；因为，构成成分是部分（见上文），并且，除非拥有 X 的所有部分，否则没有人拥有 X 的整体，确实如此。到目前为止，确实都很好。现在来考虑一

---

① 注：这里讨论的这种决定，是形而上学的，而不是认识论的；我们讨论的是，什么"使得"一个复杂表征具有它所具有的内容，而不是人们如何弄清楚一个复杂表征的内容是什么。我假定，那些坚持不把形而上学问题和认识论问题区分开来的人已经停止解读本书前面的内容了。

② 当然不是，在心理语言情况下，因为它的公式既没有音韵学也没有正字学。

下 THE MORNING STAR 这个复杂概念，哲学天文学告诉我们，它与 THE EVENING STAR 这个概念是有共外延的。[①] 从表面上看，这两个概念是复杂概念，它们在构成成分上也不同，进而在它们的占有条件上也不同。因此，特别是，即使你缺少 EVENING 这个概念，你也能够拥有第一个概念（而不是第二个概念）；即使你缺少 MORNING 这个概念，你也能够拥有第二个概念（而不是第一个概念）。由此得出的是，一个人能够拥有这个信念（或这个希望，或这个怀疑，等等）：即这颗晨星是潮湿的，而无须拥有这个信念（或这个希望，或这个怀疑，等等）：即这颗昏星是潮湿的。相信（正如每个人和他的奶奶所指出的一样）在许多方面就像述说一样。没有把握语词"早晨"的某人不能说到这颗晨星本身（无论如何，在英语中是不能的）；即使他把握了语词"黄昏"，且因此他能够说到这颗昏星，也是如此。（当然，同样地，反过来也是如此。）相应地，缺少 THE EVENING STAR 这个概念的人不可能相信这颗昏星是潮湿的；甚至拥有 THE MORNING STAR 这个概念且能相信这颗晨星是潮湿的某人，也不能相信这。[②] 因此，即使 THE MORNING STAR 和 THE EVENING STAR 是共指称的，这颗昏星是潮湿的和这颗晨星是潮湿的，都是完全相同的事态。

这个想法是，至少有一些弗雷格案例可以追溯到这样一个事实：复杂表达式从它们的那些句法构成成分那里继承了它们的占有条件；[③] 并且共指称的表达式在它们的句法构成成分上有所不同。那么，如果 LOT 被假定，英语中的酱油是什么，这同样是心理语言中的酱油，因为根据 LOT，心理表征也具有句法构成成分，并且没有明显的理由说明：为什么共指称却有所不同的心理表征不应该在其构成成分构造上有所区别，就像英语的共指称却有所不同的表达方式一样。简而言之，就复杂概念的具体情况来说，坚持

61

---

① 同样，概念 WATER 和概念 H_2O 也作了必要的修改。

② 请记住，"言说"和"相信"都是根据从言来解读的。

③ 尽管不仅仅来自其构成成分；对于拥有 MORNING STAR 来说，拥有 MORNING 和 STAR，这是必要的，但不是充分的。你还不得不知道如何把它们放在一起。

LOT 的人能够合理断定对弗雷格问题有一个句法解决方案。在这里（经常也在其他地方），句法能够做含义被传统地假定所做的事情；也就是说，它能够区分共外延的表征。从形而上学角度来说，句法所付出的代价要比含义低得多，因为假定一个句法上被构造的 LOT 具有独立的辩护理由，然而弗雷格案例却并非如此；正如我们在上面所看到的，构成成分构造需要考虑思维的系统性／产生性。这也是关于迄今为止已被设计的心理过程（特别是思维过程）的、唯一看似合理的理论所要求的；也就是说，心理过程中心理表征的因果作用是由其句法所决定的。

有关这些考虑中第二个问题的一个说法是，由于它提供了对弗雷格问题的严肃（尽管只是部分的）回应，它也为 LOT 提供了一个严肃（尽管只是经验上的）论证。

心理状态理论真正必须做的事情之一就是，直接关联于心理过程的对应理论。我认为，思考关于一个东西的原因和结果取决于这个东西如何被概念化，这是学界共识。（思考金星是潮湿的，其原因和结果可能是取决于金星是否被概念化为"THE MORNING STAR"或"THE EVENING STAR"。①）反问：如果概念是（或拥有）含义的，那么我们如何理解一个概念与其因果力之间等同的这种关联？反问回答：我没有一点头绪；据我所知，没有任何严肃的提法来把关于被其含义所个体化的那些概念描述与关于拥有因果力的那些概念描述相关联。② 实际上，断言这两者中任何一个的哲学家们几乎总是否认另一个。③

---

① 对于纯粹主义者：大写的表达式是概念的规范描述，进而概念 MORNING 是概念 THE MORNING STAR 的一个合适部分。

② 斯纳克：反问不是论证。真为你感到羞耻。
作者：只是当存在唯一的候选答案来回答这个反问时，才是这样。我们称之为"最佳解释推理"（非形式地，我们称之为"还有什么？"）

③ 除了存在一种解读联结主义的方式外，它使这种联结对内容敏感：把一个概念的内容作为它所引发的联结的集合。这有助于理解：心理过程是因果的，但它提供的内容观念却是荒谬的；DOG 不是 CAT 内容的一个部分。问题是：把心理过程看作因果的，而无须采用一种荒谬的心理内容理论。

　　婉转一点来说，很难看出心理过程如何能适应含义。相比之下，图灵向我们展示了心理过程如何能与话语表征的句法相适应；也就是说，它们如何能是计算的。因此，如果标记心理表征是由它们的构成成分结构所个体化的，那么很可能的是，我们能理解（其中一些；见下文）心理状态在思维中相互接续的过程。① 倘若如我们所假定的，计算的心理过程一般是保真的，那么我们或许能理解，它们如何展现出那种理性的接续。

　　这是导致从 CTM 到 LOT 的经典论证。假设心灵是熟悉含义的，也许能提供有关心理状态的意向性理论；但它似乎根本没有阐明心理过程的本质（即有关心理状态转变的本质）。② 相比之下，假设心理表征是由（特别是）其构成成分结构所个体化的，这用来把我们对概念的了解和我们对计算的了解（以及通过这种路径，和我们对逻辑的了解）相关联。这对我来说真是个**好主意**。我认为，你也应该把这当作一个**好主意**，即使你是一个二元论者并且很满意于那些并不属于"自然王国（natural realm）"（无论其确实可以意指什么）的含义。对含义的担忧并不是我们不知道如何用唯物主义的思考视角来看待它们；问题不在于，（追随赖尔）"幽灵般的齿轮"必须转动；而是现在还不清楚：如何将它们与心理过程的任何视角关联起来。③ 我想，即使是幽灵般的齿轮也需要幽灵般的牙齿才能咬合得住。相比之下，坚持将 LOT 与 CRT 结合在一起，这不仅解释了理性在机制上是如何可能的，而且还在根本上解释了理性是如何可能的。④

63

---

① 我正在假设，思维中心理状态序列实际上是原因和结果的序列。CTM 的优点是它允许人们作这种假设。

② 所以弗雷格认为，语义学要求含义的假设，就如同需要指称的假设一样，并且他强烈地认为：含义不是心理对象；关于概念个体化的那些理论与有关心理过程理论是无关的。

③ 一般来说，那些承认"心理上真实"的含义观念，并担忧心理过程本质的理论学者认为，心理过程是有联结的。思维联结理论的优点是，它们不要求思想拥有句法结构。但这样的理论不可能是正确的，因为联结既不能保持含义，也不能保持指称（更不用说真相了），而思维通常可以保持这三者。

④ 联结主义者和"古典"认知架构之间的争论在很大程度上是围绕这一点展开的。联结主义者同意古典主义者的观点，即概念是心理特定物，并且它们具有因果力。但是，联结

回到弗雷格问题本身，这是我们到目前为止要做的事情。如果概念 C 和 C′在构成成分结构上有所不同，那么它们在占有条件方面就会有所不同。即使它们是共指称的，那也是如此。如果 C 和 C′在占有条件方面有所不同，那么一个心灵可能拥有其中一个而不是另一个。如果一个心灵拥有 C 而不拥有 C′，那么它也能处于 C 是其构成成分的一个状态中，即使它不能处于 C′是其构成成分的一个状态。所以，对这个心灵来说，前一种状态的属性能为真，即使后一种状态的属性不能为真。尽管都是在大家所熟悉的天文学事实情况下，这就是为什么约翰能够相信昏星的潮湿性，而不相信晨星的潮湿性，而无须考虑不连贯性。（另一种说法是，只要拥有其中一个信念的结果与拥有另一个信念的结果不同，这些信念是否有所不同，并不重要。比如说，如果你喜欢，有两种不同的信念：这颗昏星是潮湿的。或者说，如果你喜欢，只有一个这样的信念，但它能被理解为从物或者从言的。到底什么样的不同会使得我们选择哪种谈论方式呢？①）相比之下，真正重要的是，关于心理表征不存在任何相对应的问题。M（晨星）② 必定不同于 M（昏星），因为它们的标记在其因果力上有所不同。

就目前而言，我认为这是合理的；但这当然不是弗雷格问题的完全解决方案。也许它解释了为什么具有不同构成成分结构的共指称概念在 PA 语境中会无法替换，但对于为什么基本（简单／初始）概念无法这样做，这并未言说任何东西：根据定义，基本概念没有构成成分结构；更重要的是，它们在其拥有的构成成分结构上并不能有所区分。因此，如果我们的一般说明认为，一个概念的占有条件完全是由其内容和结构所决定的，那么不清楚的

主义架构（包括承认"分布式"心理表征和／或"语义空间中的矢量"的相对复杂类型）没有为一个复杂概念与其构成成分之间的关系提供对应物。因此，正如休谟所预测的那样，他们在产生性和系统性方面有着无可救药的问题。更多讨论参见福多和麦克劳林（1990）。

① 标记符号：我使用形式"M（X）"的公式来缩写与英语表达式"X"对应的心理表达式（或表达式）。这样，根据规定，M（约翰）就是心理语言上约翰的名字。

② 当然，我可能错了。许多英语哲学传统正好相反。然而，这并不能让我晚上睡不着觉。

是，原则上共指称的那些基本概念如何能有不同的占有条件。我们能够（可以）解释为什么约翰能相信……晨星……而不相信……昏星……，但约翰是如何能够相信……西塞罗……而不相信……图利……呢？

3.4 第二点：基本概念

首先，委婉地说，基本概念是哪些概念，甚至这样的问题也是令人担忧的。经验主义者大多认为，它们能在认识论基础上被挑选出来：也许基本概念是你能单独从经验中获得的那些概念。但这是不行的；不存在任何被证明为真的、解读"经验"（或者，就此而言，"获得"；或者，就此而言，"单独地"）的方式。无须讨论之，我将假设，从认识论的观点来看，基本概念本身并没有什么特别令人感兴趣的地方；出于认识论解释的目的，它们并不构成一个自然种类。[1]

再者，哪些概念是基本的呢？[2] 专名怎么样？这依赖于专名是否会被解释为隐含摹状词。如果它们是隐含摹状词，那么假设西塞罗 / 图利种类的那些例子就是弗雷格案例，这将是有倾向性的。根据定义，摹状词具有构成成分，因此，这些共指称专名的"基础"构成成分结构上的不同能够阻止它们

---

[1] 提出这个问题的一种方法是：英语的简单表达式和复杂表达式之间的区别在多大程度上保留了其在心理语言中它们的翻译之间的区别？在语言学和哲学中，这种传统观点认为，它们确实是如此回应的。因为许多英语单词被假设是可定义的，所以英语的这种"表面"形态被假定比心理语言词汇要丰富得多。（实际上，我还听说过这样的论断：心理语言拥有仅约十二个动词；每个信念都有它的狂热分子。）如果是这样，那么英语词汇是高度冗余的；它包含的许多词汇项比它的表达能力实际所要求的要多得多。在这个问题上，我有非常强烈的看法。我认为，上帝并没有使词汇毫无价值。在这里我不会讨论之，但参见福多和勒伯（1998）。

[2] 正如前文所提到的，是否存在比词汇初始单元更多的基本概念，这一点存在很大争议。但是（除非"棕色牛"是一个成语，但它不是），我们可以假定 BROWN 和 COW 是 BROWN COW 的构成成分，这样，概念 BROWN COW 就是复杂的。同样，在英语中（当然，在任何其他自然语言中），对于一个语法复杂、非成语的英语短语表达的任何概念来说，已作必要修正。

的替换。一千多年来哲学家一直在争论专名语义学，并且没有任何理由来假定他们会很快停止。我将假设，至少一些专名不是墓状词，它们确实也提升了真正弗雷格问题的关注度。如果这是错的，那就更好了，因为它减少了我不得不担心的那些案例类型。

那么，单纯的普通名词如"牛""桌子""鼻子"（更不用说像单音节动词如"杀""煮"这样的单纯动词）呢？它们表达的概念是简单的还是复杂的？这个问题的答案很重要，对于哲学和心理学中大量令人惊讶的问题来说（尤其包括：关于概念如何获得，它们如何应用于知觉，以及推理如何起作用）。但我认为，现在不要担心这一点。我现在关心的是，弗雷格问题与如何选择
66 基本概念之间这种关系的逻辑，以及如果任何概念根本上就是基本概念，无论它们可以是什么，这都没有意义。因此，选择你喜欢的任何概念作为有用的例子（当然，除了其表达方式在英语中显然是语法复杂的那些概念，如BROWN COW[①]）。

对基本概念候选者的前期调查研究很显然是不完整的；但它指明了一种令人感兴趣的可能性，即弗雷格问题可能没有常被假定的那样普遍。有关弗雷格问题的完全清晰情况仅仅在这样一些地方出现，即存在"="两边具有单纯词的同一性陈述；存在构成成分结构上有所不同的成对表达式本身是模糊的。这样，举个例子，哲学家们一直担心约翰如何能够相信水是湿的而不相信 H_2O 是湿的，如果水就是 H_2O 的话（事实上，根据一些形而上学的观点，如果水必然是 H_2O）。然而，也许沿着这些给予的思路，这种例子以及类似例子能够被解决。"水"没有任何构成成分，但 H_2O 有若干构成成分。因此，貌似合理的是，它们的占有条件是不同的：你可以拥有前者，但不能

---

① 假设有人认为，言述类型是由其内容单独划分的。然后，似乎"约翰是单身汉"这种言述必须具有与"约翰是未婚男子"相同的因果力。没有人为此担心，因为每个人都赞同，言述不仅是根据其意思，而且还根据其形式来输入的。通过假装一个言述内容是其唯一的类型个体化属性，你能产生一个弗雷格问题。但谁在乎呢，因为这种假设显然是错误的。实际上，我的意思是，有关基本概念的假定的弗雷格案例可能会以同样的方式被驳回。

拥有后者，即使你缺少概念 HYDROGEN（或者，就此而言，缺少 2 这个概念）。当然，如果它们的占有条件是不同的，这些概念也必定是不同的。这是我一点点撬开弗雷格问题所指称东西的一个主要例子，我将继续遵循这一策略。

但是，如果有任何概念将是复杂的，那么一些概念必定依然是基本的（并且如果没有任何概念是复杂的，那么所有概念必定是基本的）。我将假设，基本概念最貌似合理的候选者是那些由个体（因此，我假设 CICERO 和 TULLY，而不假设 SUPERMAN）的单纯名称所表达的；并且我将假设，由单纯种类名称所表达的概念也是基本的，不仅包括自然种类（STAR，WATER，LEVER），而且包括像 GRASS 和 CARBURETOR 一样类型的日常种类。当然，假设这一切都是具有妥协性的。如果没有任何这样的例子，那么可能就没有弗雷格问题的任何明显情况了，并且本章的其余部分也就没什么可讲的了。

就其基础背景，我们就介绍这么多。这个问题可以归结为：假定存在 N=N 类型的真公式，在其中这些 N 是相同词素类型（"西塞罗 = 西塞罗"）的单语素、共指称和个例标记，同样也假定存在 N=N 类型的公式，在其中这些 N 是单语素的、共指称的，但不是有关不同形态种类（"西塞罗 = 图利"）的个例标记。就后者这样的情况而言（可以想象，仅就后者这样的情况而言），一个清晰的弗雷格问题就出现了。那么，在这里就不得不停下来了。该怎么办呢？从指称主义者的角度来看，我们转向该问题的核心。

3.5　问题的核心

提问：对于指称主义者来说，什么使得弗雷格案例是有问题的呢？

回答：它们似乎表明，一个命题态度的同一性并不决定它的因果力。这样，当指称主义者考虑信念时，没有任何东西来区分相信 that F（Tully）和相信 that F（Cicero）。由此得出的是，相信 F（Tully）的因果后承原则上不能与相信 F（Cicero）的因果后承有所不同。但是，这似乎看起来是有问题的，因为，如相信西塞罗很胖，这可能会导致，在相信图利很胖的情况下，说"西塞罗很胖"并非如此。因此，指称主义者考虑信念的方式必定是有问题的。当然，这也正是弗雷格式学者一直以来的说法。

好吧，如果这就是问题所在，那么这里就有一种方式可以让我们希望能合理地摆脱它，即提供一些独立动机的信念个体化说明，来允许内容同一的那些信念是不同的信念；特别是，允许具有相同内容的那些信念在其因果力上有所不同。也就是说，只有当你假设一个信念的内容耗尽了它对拥有它的因果后承的贡献，并在此基础上研究时，弗雷格案例才是有问题的。另一方面，假设拥有一种带有内容 F（Cicero）信念类型的因果后承，能够与拥有另一种带有内容 F（Cicero）的信念类型的因果后承有所不同。那么弗雷格案例就不再是问题了，并且我们所有的指称主义者都能有一个应得的休假。[①] 我的观点会是，把 RTM 关于命题态度本质的说法和 CTM 关于心理过程本质的说法相结合，这实际上为区分信念的同一性和信念内容的同一性提供了必要的独立辩护理由。

根据 RTM，相信 that F（Cicero）的每一个实例都是心理语言公式的个例标记；并且 CTM 认为，心理语言公式的因果力对其句法（而不是它的内容）敏感。假设 CTM 这样说是对的。那么，即使 F（Cicero）和 F（Tully）是相同的信念内容，并不由此得出：心理语言公式 F（CICERO）标记的因果力和心理语言公式 F（TULLY）标记的因果力是相同的；也并不由此得出：标记西塞罗很高这种信念的因果后承必定与标记西塞罗很高另一种信念的因

---

① 即使在 1975 年，这种对弗雷格问题的处理也没有什么特别原创性的；它至少可以追溯到卡尔纳普（1956）和塞拉斯（1956）。所有 *LOT*₁ 添加的是这样的建议：卡尔纳普 / 塞拉斯提法可能表面上为真；至少，塞拉斯对这种可能性持厌恶态度。

果后承相同。既然如此，将 CTM 添加到 RTM，这就向我们展示了那个相同信念的那些实例（指称主义者所认为的那样）在其因果力方面能有所不同。的确，考虑到 CTM，即使弗雷格问题未曾存在，人们也会预测可能存在这样的不同。① 如果我们没有那些弗雷格问题，我们将不得不发明它们。毫无疑问，致力于绝对方法论优先性的哲学家们可以反对这种演进方式，因为实际上，一个哲学问题的解决是在一批经验假设之上展开的。那就这样吧；纯朴不是我最欣赏的美德。②

　　LOT 认为，命题态度是心灵和表达这些态度内容的心理表征之间的关系。其核心想法就是像这样的："对彼得来说，相信铅下沉就是拥有在他的'信念盒'中意指铅下沉的一个心理语言表达式"。现在，命题态度类型能够拥有许多你喜欢的个例标记。今天我能够思考铅下沉，明天我能够再思考这个思想。LOT 要求，一个意指铅下沉的心理语言表达式的个例标记两次都出现在我的信念盒中。但是，请注意，尽管 LOT 要求这些个例标记的语义等值，但它并不关心它们是否是相同的心理语言公式类型的个例标记。如果 M_1 和 M_2 是有所区别但却是同义的心理语言表达式，那么今天我的思考铅下沉就是由我的信念盒中我的个例标记 M_1 所构成的，明天我的思考铅下沉就是由我的信念盒中我的个例标记 M_2 所构成的。这对于 LOT 来说是很好的。LOT 所要求的是，这两个个例标记表达（如同有人所说的）同一个命题。

但是，随着心灵计算理论（CTM）被采用，这种情况发生了变化。CTM 比纯粹的 PA 心理学更能切分心理状态。这是因为，无论何时，当心理状态是类型不同的心理表征之个例标记时，CTM 会区分它们的因果力，即使这些被标记表征的语义内容是相同的。③ 计算是在心理表征的句法上定义的操作；

70

---

① 如果你单独承诺这样或那样的假设，那么你可能会从这样的假设中获得尽可能多的好处。如果你有柠檬，那就把它做成柠檬汁。

② 同样，LOT 没有说明，你相信 F（西塞罗）的所有场合是 M_1 的个例标记，我相信 F（西塞罗）的所有场合是 M_2 的个例标记。

③ 事实上，这个论断是：命题内容及其因果力是心理表征的正交参数；除非这个论断为真，否则目前对弗雷格案例的处理不会起作用。这意味着，"推论作用"语义学者（他们认为

它是决定其因果力的一个心理状态的句法，而不是内容。可以肯定的是，在那些没有倾向的例子中——那些并不引起弗雷格问题的案例——个例标记的心理状态共享它们的内容和句法；而在弗雷格案例中，它们仅仅共享前者。从 CTM 的角度看，弗雷格问题的存在至多表明了指称对于概念个体化不是充分的；还需要作进一步的工作。但弗雷格问题并未显示其他"某物"是内容的决定因素；例如，它就像含义一样的某个东西。

到目前为止，对我来说一切都很好。当一个人思考西塞罗 = 图利这个思想时（换句话说，当一个人思考西塞罗 = 西塞罗这个命题时），我们自然而然就会拥有这样一个理论，该理论允许他在其信念盒中或者拥有 CICERO = TULLY 的一个个例标记，或者拥有 CICERO = CICERO 的一个个例标记。在其他条件相同的情况下，这就解释了如何可能的是：尽管 CICERO = CICERO 和 CICERO = TULLY 表达相同的一个命题，但在第二种情况下被表达命题的必要性可能是自显的，但在第一种情况下却不是。我们甚至可以说，如果我们兴致高涨，那么这第二种信念是分析的；也就是说，它的真来自它的语言学。你可以认为很奇怪的是，一个自称为指称语义学家的人说某个表征或其他另一个表征是分析性的；但事实并非如此。存在大量分析性表明，只要分析性被当作（如心理语言）公式的一个属性，而不是它们所表达的那些命题的属性，那么毫无任何尴尬之处的是，指称语义学能够完美地被接受；CICERO = CICERO 就在其中，BROWN COWS ARE BROWN，也是如此。①

斯纳克［发怒］：你已经忘了帕德瑞夫斯基，真是太可耻了。PADEREWSKI IS PADEREWSKI 是 a=a 这种形式的（同样，"帕德瑞夫斯基 = 帕德瑞夫斯基"）；这样，根据你的想法，它应该是分析的且必要的。但是，对于约翰来说，可能感

命题内容在某种程度上是出于因果力的构造）被禁止以我提议的方式解决弗雷格问题。每天晚上，当我躺在被窝里的时候，我感谢上帝让我成为一个概念原子论者。

① "但我的直觉坚持认为，'分析'/'综合'是有关内容的一种区分，而不是有关形式的一种区分。"对你的直觉来说，情况就更糟了。你应该让它们被看到确实如此。

到疑惑的是，钢琴家帕德瑞夫斯基是否是政治家帕德瑞夫斯基。(约翰感到疑惑的是，一个人如何能做这么多事呢?) 当然，把 CICERO=CICERO 当作因分析性而不容置疑的一种描述，应该也是把"帕德瑞夫斯基是帕德瑞夫斯基"作为因分析性而不容置疑的一种描述。但"帕德瑞夫斯基是帕德瑞夫斯基"并不是不容置疑的，进而大概不是分析的。因此，关于帕德瑞夫斯基是 PADEREWSKI（或有关"帕德瑞夫斯基"）语义值的这种指称主义观点，必定存在一些问题。

作者: 但愿不会发生这样的事情，我应该忘记帕德瑞夫斯基。我要给你们讲一个故事，用我认为是真实的、令人信服的、完全与（显然依赖于）RTM/CTM 相容的方式来处理事情的一种方式。

斯纳克: 我怀疑这所有的一切。

作者: 我也是。

72

我首先回顾一下: 这个问题是，我们正在假设约翰是一个理性的家伙，而在一般情况下，他并不想知道是否那些明显的分析真是明显地分析的、为真的。然而，约翰确实想知道是否帕德瑞夫斯基=帕德瑞夫斯基，而且从表面上看，他感到疑惑的是，什么是分析地为真的。毕竟我们似乎不能说"帕德瑞夫斯基"是一个纯粹指称着表达式（pure referring expression），并且约翰是一个理性的家伙。两个中的一个必须为真。就这个论证而言，让我们假设，约翰的理性是被规定的。那么剩下的就是，"帕德瑞夫斯基"不是一个纯粹指称着表达式；它必须贡献出比对其主表达式的指称物更多（或不同于这种指称物）的东西。那这种多出(或不同)的能是什么呢? 传统的说法是，它贡献出了它的意义，或它的含义；或类似的东西。① 如果是这样，那么声

---

① 如果含义决定指称，那么一个向其主体传递含义的词项就会将其指称物传递给该主体。如果含义不能决定指称，那么或者指称不是恰当的语义参数，或者如果是，则有一种以

称"帕德瑞夫斯基"的内容就是它的指称物，这就失败了。因此，更确切地
说，指称主义失败了，这使我很不爽。

在这里，用一个（稍微）不同的方式来说明这个问题：如果指称是内容，
那么如果约翰相信：帕德瑞夫斯基是一名钢琴家，并且帕德瑞夫斯基是一名
政治家，他应该准备推断出：帕德瑞夫斯基既是一名政治家又是一名钢琴
家。[①]但他没有这样做。实际上，他明确否认这一推断。我们的问题是解释：
在指称主义的假设中，这如何可能为真。

好啦，如果 RTM 在我们的背景假设当中，那就不难了。这样做的想法
是，存在与英语"Paderewski"相对应的两个心理语言名称：称它们为 PA-
DEREWSKI$_1$ 和"PADEREWSKI$_2$"。[②]这样，约翰使用语词"上帝保佑，帕
德瑞夫斯基就是帕德瑞夫斯基"的形式来表达当光明最终降临时，帕德瑞夫
斯基$_1$就是帕德瑞夫斯基$_2$；当然，即使这是一个逻辑真（也就是说，即使
这两个名称都严格指示帕德瑞夫斯基），这也不是分析的。好吧，既然它不
是分析的，那么甚至像约翰一样的一个理性家伙听到这也会感到惊讶。我认
为，帕德瑞夫斯基的例子表明的是，像西塞罗一样，帕德瑞夫斯基必须拥有
两个形式上不同的名称，无论你用什么语言思考这样的名称。（顺便说一句，
从其中可以得出的是，你并不用表层英语思考这个名称：帕德瑞夫斯基仅仅
拥有一个表层英语名称，即"Paderewski"。）[③]因为约翰使用心理语言而不是
英语在思考，他不能思考帕德瑞夫斯基很高这个思想。这也是因为，可以

上的语义参数。我不会考虑这些选择，因为，鉴于本书现在将讨论之，我并不认为这些
帕德瑞夫斯基例子就迫使我们在它们之间作出选择。

① 同样，既然露易丝·莱恩认为超人会飞，克拉克·肯特会走路，那么她为什么没有推出
克拉克·肯特会飞并且超人会走路呢？通过有关熟悉例子的枯燥乏味，如此等等。

② 允许心理语言"帕德瑞夫斯基"有下标（因此是句法上复杂的符号），顺便说一句，这是
与下面这个假设完全兼容的：即它们是语义初始符号。实际上，"完整"的英文专名（"约
翰·史密斯"）本身在句法上貌似合理地被解释为复杂的，但在语义上并非如此。

③ 斯纳克：但是这种说法是修正主义的，每个人都知道自然语言"确实很好"。
作者：实际上，并非自然语言确实很好，其原因之一是，不同的词汇项可以是同一个人的
两个专名。

说，不存在任何这样的思想；所有存在的就是这些思想：帕德瑞夫斯基₁很高并且帕德瑞夫斯基₂很高。

但是，也许当约翰说"帕德瑞夫斯基很高吗"的时候，你坚持认为他一定正在说些什么。确实如此；但是，接着你就会把约翰置于能说出他无法思考的某个东西的特殊位置。由于我不想被这样的悖论所拖累，我想我必须说，严格地说，英语并不拥有语义学；更重要的是，英语单词并不拥有指称物，而且经过必要的修正，英语语句并不表达命题，也没有真值条件。而拥有语义学的是心理语言，在其中，通过假设，帕德瑞夫斯基拥有两个名称，并且 PADEREWSKI 是 PADEREWSKI，这是不规范的（ill-formed）。（为什么人们可能会持有这种不切实际的观点？更深层的原因参见福多，2004。）这样，如果约翰没有在 PADEREWSKI₁ 和 PADEREWSKI₂ 之间进行选择，那么他不能思考帕德瑞夫斯基很高；如果没有在卡尔（Karl）和格鲁乔（Groucho）之间进行选择，他就不再能思考马克思很高（Marx is tall）；如果没有在量词之间进行选择，他就不再能思考每个人都爱某个人。实际上，英语中存在歧义，这是我们不用英语思考的经典理由。但这一切都还好：根据目前的指称主义观点，由于 PADEREWSKI₁ 和 PADEREWSKI₂ 是共指称的，PADEREWSKI₁ WAS TALL 和 PADEREWSKI₂ WAS TALL（不像 GROUCHO MARX WAS TALL 和 KARL MARX WAS TALL）拥有相同的内容。

> **斯纳克**：可能是这样的，但我真地不理解，你所建议的这种事情如何能声称是解决弗雷格案例的方案？
>
> **作者**：不能吗？
>
> **斯纳克**：不能！因为，正如我所读到的，弗雷格问题是，同样的命题如何能成为不同思想的对象。假设 F（帕德瑞夫斯基₁）和 F（帕德瑞夫斯基₂）是同一个命题，那么，"F（帕德瑞夫斯基₁）这个信念如何不能是 F（帕德瑞夫斯基₂）这个信念？"这个问题仍然没有得到回答。或者，假设 F（帕德瑞夫斯基₁）和 F（帕德瑞夫斯基₂）是不同的命题。"F

74

（帕德瑞夫斯基₁）这个信念和 F（帕德瑞夫斯基₂）这个信念如何不能是不同的信念?"这个问题仍然没有得到回答，这似乎是一个两难困境；如果是这样的话，请选择其中之一。①

作者：以上都不对。你忘记了"……这个信念"本身就是模棱两可的；它可以在"……"这个位置以透明的或者以含混的方式读取。以第一种方式解读它，那么"F（帕德瑞夫斯基₁）这个信念"是"F（帕德瑞夫斯基₂）这个信念"；以第二种方式解读它，那么就不是。当然，对于哪个是解读它的"正确"方式，不存在任何相关事实；这取决于手头的任务。然而，大致来说，心理学家们很可能想到第二种方式，而认识论学者会想到第一种方式。

顺便提及的是：目前的思路表明，理性评估本身对（如心理）表征的句法形式是敏感的，而不仅仅是对其内容敏感。我想，怀疑"PADEREWSKI₁是 PADEREWSKI₁"的真，这是疯狂的。但是，PADEREWSKI₁ 不是 PADEREWSKI₂ 这个思想，就没有什么疯狂的了；甚至假设这些词项实际上是共指称的，这也没什么。我认为，这完全是直观的。如果你接受 P → Q 和 P，那否认 Q 就不可思议了；但是，除非这个论证的表述方式使得这些前提太长，或过于复杂，而难以把握。什么是理性的，这（尤其）依赖于什么是清楚明白的；并且，什么是清楚明白的，这（尤其）依赖于内容和形式。在那些美好的旧时光里，他们一起教逻辑学和修辞学。他们这么做是对的。

在我看来，一旦承认了心理语言必须区别于表层英语，那么辩论情形就会如下：

由复杂心理语言公式(即具有构成成分结构的心理公式) 所表达的概念，不存在弗雷格问题。由于复杂概念可能在其构成成分上能有所不同，它们在

---

① 我感谢一位匿名读者（可能是布赖恩·麦克劳林）提出这个问题的这种方式。在这里和其他地方，他对我的 MS 的评论总是有帮助的。

占有条件方面也能有所不同。① 无论这些概念是否是共外延的，情况都是如此；甚至必然是共外延的。如果存在一个弗雷格问题，那么它必定是关于如何为（句法上）初始概念刻画类型 / 个例关系。但是，如果存在一个关于初始概念的弗雷格问题，那么就通过诉诸其形式而不是参照其内容来解决它。

在我们继续说之前，有些尖锐的问题和反对意见（不一定是按其重要性排列）得先说说。

斯纳克：这不是我所说的哲学。这就是我所谓的一种经验推断。真正的哲学只假定什么是先验的。在我看来，并非先验的是：存在英语单词 "Paderewski" 的两个形式上不同的心理语言对应词。②

作者：好吧，这样我会勉强接受这为真。想想看，我真正关心的是，它是否可能为真，因为如果这样的话，那么至少可能的是，我们能协调我们关于约翰的直觉和我希望赞同的那种指称语义学。相比之下，许多认知科学共同体（包括许多哲学家）都认为，弗雷格论证表明，指称语义学不是

① 当然，在其他很多方面也是如此。假设（远非显而易见的：见第 5 章）存在作为概念获取的一个过程。那么，由于 PADEREWSKI₁ 和 PADEREWSKI₂ 是不同的概念，它们的获得可以完全拥有不同的个体发生过程。

② 斯纳克不是唯一一个被冒犯的人。在克里普克讨论关于皮埃尔的伦敦（London）/ 伦敦（Londres）之迷（1979）的过程中，他提供了一个方法论评论，这让我觉得是完全欠考虑的。有人指出，解决这个难题的一个办法是说皮埃尔相信他称为 "伦敦（Londres）" 的这个城市是漂亮的，但他称的 "伦敦"（London）的这个城市并不漂亮（一个建议是：在 "帕德瑞夫斯基" 带下标方面是可识别的），克里普克接着评论："毫无疑问其他直接描述是可能的。毫无疑问，其中一些，在某种意义上，是对这种情形的完整描述……但这些都没有回答最初的问题。皮埃尔是否相信伦敦是美丽的？"（第 259 页）。但是为什么我们应该假设：当这个问题以这种方式被描述时它就有一个确定的正确答案呢？一旦人们明白了为什么它并非如此，为什么它并非如此又很重要呢？（"是还是不是：教皇是否是单身汉？""嗯……"。）克里普克似乎将 "皮埃尔相信或者不相信：伦敦是很漂亮的？" 解读为一个简答题；但是，这种基于底线的匹配保证了什么？假如给定皮埃尔所处情形的一个可辩护说明，其通常规则回复："想说什么就说什么，只要你不困惑，别把马吓着了。"

LOT（或英语）的选择。

顺便问一下，谁关心什么被称为哲学？我的印象是，1950年以前哲学领域中所出现的大多数情况都不符合现在的用法。

斯纳克：这种提法不是特设的（ad hoc）吗？我的意思是，存在任何其他理由来坚持认为在思维中帕德瑞夫斯基拥有两个名称吗？我的意思是，除了一个人强烈地想要解决（帕德瑞夫斯基视角的）弗雷格问题之外，还有什么别的理由吗？

作者：当然，有很多。LOT被认为是关于心灵如何表征东西的解释性假说（至少我是这么认为的）。并且关于心灵如何表征东西的理论应该对人们接受（或不接受）哪些推理的数据要敏感。貌似合理的是，不得不存在某个东西来解释：为什么约翰不会从他的思想"帕德瑞夫斯基是一名政治家和帕德瑞夫斯基是一名钢琴家"中推断出某人既是一名政治家又是一名钢琴家。[①] 我想象不出有什么与CTM可兼容的东西会做到这一点，以至于这种想法本身并不等同于这样的观念，即在心理语言中帕德瑞夫斯基拥有两个名称。如果你能这样想的话，请方便时尽快给我打电话。

斯纳克：提醒我为什么有关帕德瑞夫斯基的两个心理语言名称不得不是形式上不同的。为什么说：约翰（错误地）认为"帕德瑞夫斯基"在指称上是模棱两可的，还不够好呢？

---

① 拒绝从相应的语句合取中推断短语合取，这往往表明在某种表征层次上的一种指称含混性。如果前提中有两个帕德瑞夫斯基，你就不能将"帕德瑞夫斯基跑步和帕德瑞夫斯基游泳"合取分解。同样，在约翰明白之前，他不愿意把"帕德瑞夫斯基刮了自己的胡子"当作"帕德瑞夫斯基刮了帕德瑞夫斯基的胡子"的解析。正如一般被假定的那样，如果自反化是一种形式操作，那么必须存在两个"帕德瑞夫斯基"来阻止它在这里的应用。（详见福多，1994：第3章。）

这种情况出现在许多地方。我想，约翰认为存在两个帕德瑞夫斯基，他能在心里想：帕德瑞夫斯基是一位钢琴家并且帕德瑞夫斯基不是一位钢琴家。如果他没有对于帕德瑞夫斯基的两个名字，他是怎么做到的？

作者：我重复一下，正是因为：CTM 认为，仅有心理语言表达式之间的形式不同能够影响心理过程。这意味着，根据这个词的意指含义，计算只能"看到"它们范围内表征的形式属性。对于这种"经典的"、图灵式的计算理解，在认知科学共同选择方面还有可说的地方；但是它并非轻而易举地就可以这样做。（详见第 4 章。）我非常喜欢这个观点——毕竟，自从亚里士多德以来，许多哲学家都已经赞同这种想法——即表面语句在其逻辑形式上一般并不明显，因此它们不能为推理过程提供形式域。[①]CTM 在很大程度上是关于我们推理过程的心理学。因此，CTM 需要一种区分表层英语和心理语言之间差异的方式，这使得后者以非前者的方式显得清楚明白。在我看来，这只是我们的心理过程理论应该塑造我们的心理表征理论的那种方式，反之亦然。如果事实证明，关于认知过程架构的"经典"假设以解决了弗雷格问题作为副产品，那么，认为经典假设必定为真，这是一个非常有力的理由。

斯纳克：你已表明的主要内容是：LOT 不是表层英语（surface English）。像许多语言学家认为的那样，如果"LF"是自然语言的语法描述层次，那么也许在某种意义上，我们确实在用英语思考。

作者：确实。这样，令人感兴趣的许多方面都取决于是否 LF 是对自然语言的描述层次，而不是对思想的描述层次。但幸运的是，解决弗雷格问题并非如此。[②]

78

---

① 人们常说，英语语句只有在严格控制下才拥有逻辑形式。我不知道这是什么意思。如果一个语句在被组织之前没有逻辑形式，那么同样的语句在组织之后怎么可能有逻辑形式呢？

② 我认为 LF 不是英语的描述层次，而是心理语言的描述层次（虽然几乎没有人同意我的观

斯纳克： 我确实相信，我已经发现了一个二难困境：根据你的观点，有关"PADEREWSKI$_1$"和"PADEREWSKI$_2$"个例标记之间的不同究竟存在于哪里？它们不能够真地在它们的下标方面有区别，因为你告诉我们，它们都是心理语言的初始表达，而"PADEREWSKI$_1$""PADEREWSKI$_2$"都是复杂的；两者都包含一个 PADEREWSKI，其后跟一个下标。它们不能在它们的正字法（或音韵学）方面有所不同，因为心理语言不是那种能被拼写（或被发音）的语言。因此，那么，是什么使得某个大脑事件（或其他）成为一个"PADEREWSKI$_1$"个例标记而不是一个"PADEREWSKI$_2$"个例标记？①

作者： 我不关心。初始心理表征的个例标记之间的类型区别能够由任何东西来区分，只要它们之间的这种区别是一种心理过程对其有所反应的类型区别。通过定义，由于基本表征并不具有结构，这样从计算的角度来看，初始心理语言个例标记之间的类型同一和类型区别就是基石（bedrock）。当初始心理语言公式的个例标记在心理过程敏感于（可能是物理的）属性方面有所不同时，这些个例标记就具有不同的类型。也许正是持续时间的长短来决定一个大脑事件是否是"PADEREWSKI$_1$"的标记，而不是"PADEREWS-KI$_2$"的标记。（我怀疑之；但如果这种说法缺少心理语言的神经科学视角，那么这个猜测看起来和其他任何视角一

点，也许，除了我以前的罗格斯同事史蒂文·尼尔）。如果这说对了，那么 LF 就不能被识别为（例如）英语语法层次，其中"帕德瑞夫斯基 = 帕德瑞夫斯基"被表征为逻辑真 a=a 的一个例子（或者，加上必要的修正，其中"约翰杀死玛丽"被表示表征为"约翰造成玛丽死亡"类型的一个标记符号）。很可能的是，根本不存在这样的英语语法层次。

① 为了论证起见，我假定心理语言公式的个例标记是大脑事件。但是，就目前目的来说，如果二元论者是对的，心灵是由自成一体的某种东西构成的，那就无关紧要了。

样好。)①

　　类似地，一个熟悉的观点是，你不能用区分语词个例80
标记的那些类型的方式来区分字母个例标记的那些类型；
也就是说，通过它们的构成成分结构来区分。我们通过其
拼写将"狗"个例标记与"猫"个例标记区分开来，但我
们并没有从"b"个例标记中把"a"个例标记区分出来，
因为"a"和"b"明显并未拥有拼写。它们拥有的只是形
状；它们的形状在我们视觉系统对其反应方式上是不同的；
如果不是这样，我们就无法阅读。同样地，在基本心理表
征的个例标记之间心灵刻画类型区别的方式也作了必要的
修改。

　　所有这一切，都存在某种错误，即一个用心理语言计
算的心灵无法犯的错误：它不能系统地将这种类型／个例
标记关系误认为是心理语言的一个初始表达。②当然，可
能存在那种奇怪的机械式失败；但是，关于一个基本的心
理语言个例标记属于哪种类型，这样的心理过程不能是被
全盘弄错的。这种错误可能仅仅在一种公共语言中出现或
发生。因此，例如，我可能把事情弄混淆，并且把（英
语）表达式"big"的个例标记指派给"pig"这个语词类
型。这会是我的错，因为"big"的个例标记（尤其）是
由它们的拼写输入的（typed），并且它们的拼写方式是由
英语的惯例所确定的。这样，这种可能性在我输入英语个
例标记的方式与该语言共同体中其他人输入方式之间出现

---

① 我听说有人提出，作为反对 LOT 的一个论证，到目前为止，从来没有人明白心理语言中
　　一个表达式的一个神经标记。但是，假如我们不知道心理语言（或其他任何东西）是如何
　　在大脑中实现的，如果有的话，我们怎么会知道呢？

② "系统化"在这里做所有的工作。它的意思类似于"包括反事实的情况"。

了一种错配（mismatch）；而且，由于相比于我所拥有的个例标记，他们拥有更多，这是我的错，而不是他们的错。但是，在像心理语言一样的一种私人语言中，这类事情不可能伴随基本概念而发生。如果我的认知机制将某种大脑事件的个例标记系统地识别为某种初始概念类型的个例标记，那么它们就是该初始概念类型的个例标记。重复一遍，在这种情况下，没有任何东西可以算作系统的错误转录（mistranscription）。维特根斯坦看到了这一点，但出于某种原因或其他原因，对此他感到不安。而我想知道为什么。①

斯纳克：摸摸我们自己的良心，我们每个人才会心安理得。我不想和你们的良心搅和在一起。事实上，我发现你所说的并不令人满意；有人可能会说，你所说的这些东西缺乏营养价值。我的意思是：也许，运用足够多的、明智的层层解析，你就能够证明弗雷格的那些例子并不真正削弱（knockdown）这样的论证，即语义学不得不承认（recognize）含义，就如同它承认指称一样。但是，让我们面对之，就好像，关于这些弗雷格例子是有关什么的例子，对此弗雷格拥有一种貌似非常合理的描述；也就是说，在不透明

---

① 拉什·里斯在一篇相当精彩的论文中谈道：为什么不能存在一种私人语言（1963），他赞同这一思路："如果人们谈到一棵树的独立存在，这可能部分意味着我可以认为那里没有树，而且是错误的。但是，语词的意义与此不可相提并论。既然你已经学会了你所使用的表达式的意义，可能出现的是，你所说的并不是你想表达的意思……只有考虑到言说者与其他人的关系，你才能描述［这种错误］。一定存在更像一个组织的某个东西，在其中不同的人，正如我们所说的，扮演不同的角色……这属于语言的使用。没有它就没有语词，也就没有意义。"也许英语也是如此，但这些没有一个转换到心理语言（不管怎样，没有进一步的论证，就没有这些情况）。心理语言未被习得，我们也不用它来交流。毫无疑问，里斯认为，语言本质上是一种交流的工具，本质上是被习得的，本质上也是公开的，这在某种方式上是一个概念真。但没有提供这样思考的理由，并且我怀疑是否存在任何一个这样的理由。

语境中的替换依赖于含义的同一，而不是依赖于指称物的同一。然而，你能够断言所拥有的最多只是一系列魔幻花招（batch of tricks），都多多少少会用来对它们见招拆招。你所需要的东西，以及你并不拥有的东西，这些都是一种关于弗雷格案例共有的东西——可以说，弗雷格直觉源自其中——之貌似合理的描述，如果不是这些弗雷格案例展示各种各样的方式，相比较于指称主义所提供的内容观而言，在其中语义学用这些方式要求一种更丰富的内容观。

82

作者： 足够公平，我猜；因此，在这里作个简要描述。实际上，正是这样的一种说明回答了为什么存在弗雷格案例；但这并不依赖于假定存在含义。没有什么特别令人惊讶的，甚至没有什么特别新鲜的，但在这样一个多事之秋，或许这是一种优势所在。

被接收到的观点是像这样的："洛伊斯认为克拉克有酗酒问题（=L_1）"这个句子是含混的。这表明，"如果 L_1 且如果克拉克是超人，那么洛伊斯认为超人有酗酒问题（=L_2）"的假设在一种情况下是正确的，但在另一种情况下则不然。可以肯定的是，有各种各样的做法在掰扯这种直觉与指称语义学（值得注意的是，包括弗雷格自己的想法，即不透明语境中一个词项的指称物与出现在透明语境中该词项的指称物存在一系列的不同）。但是，在内心深处，每个人都知道这些标准想法没有一个是非常有说服力的。事实上，在我看来，如果 L_1 在其真值条件下确实是含混的，那么这就是一个很好的理由去怀疑纯粹指称语义学是站得住脚的。

斯纳克： 所以你放弃了吗？

作者： 因此 L_1 对于它的真值条件来说不是含混的。如果 L_1 为真，且克拉克同一于超人，那么洛伊斯就相信超人有酗酒的问题。事情就这么结束了。

斯纳克：你不是真地打算就此打住吧？

83

作者：为什么我不应该就此打住呢？

斯纳克：[内心深处]。谢天谢地！奶奶没在这里；我相信这会伤了她的心。[大声地说] 那么上述强烈的直觉呢，即 L_2 在一种解读中有效，但在另一种解读中无效。

作者：直觉是用来被蔑视的。我蔑视每天早饭前都要重复三、四次，只是为了实践的需要。

斯纳克：[表现出方法论上的愤慨]。直觉是不会被蔑视的。可能被允许的（时不时地；但只有偶尔；并且非常谨慎；带着某种场合下一种恰当的庄严气氛）就是解释它们。如果你认为 L_2 有效，纯粹礼节上就会要求你讲这样或那样地作些描述，进而解释为什么其他人都认为它不是有效的。

作者：哦，很好。一个坚定的指称论者可能会说这样的情况，思考弗雷格直觉与他坚持 L_2 的有效性，这是一致的。我认为这是一个很有吸引力的事情，因为尽管它否认标准直觉对 PA 属性的语义学有所回应，但它确实允许它们揭示一些重要的真理。

至少有两种完全不同的思考方式可以解释一个人对某人的所说所想感兴趣的原因。（也许关于 PA 属性真值的直觉之所以对语境如此敏感，是因为它们对这两种思考方式的一种非系统性混合作出了回应。）一个人可能感兴趣于某人所说（或所想）告诉你关于这个世界的东西；或者一个人可能感兴趣于某人所说（所想）告诉你关于该言说者（/该思考者）的东西。这两种情况都不陌生。史密斯说："又下雨了"，在其他条件相同的情况下，对于你认为它确实又下雨了，这是一个非常好的理由。因为，为什么史密斯应该这样说？除非他相信的确又下雨了。他的这种相信更可能的原因是什么？有各种各样的方式来思考：证词如何能够为理性信念提供根基；但它经常提供的东西确实是认识论的共同根基。因为人们所说（/所想）的东西是对这些东西如何处于这个世界之中的回应，我们可以从人们言说（/思考）中合理推出这些东西如何处于这个世界中。

斯纳克：［打个哈欠］。

作者： 好吧，但我没说完呢。你可能对别人说的话感兴趣的另一种原因是，你想知道他处于什么样的心理状态。当然是他相信什么，但也经常还有他是否高兴还是无聊，或真诚、或欺骗、或愤怒、或失去理智、或其他什么。出于这些目的，所说的内容可能不如所说的方式更有信息量。①

斯纳克：［再次打哈欠］。

作者： 我还没有说完。我的观点是，当你想从所说的话中推断世界是怎么样的时候，指称语义学通常正是你所需要的。如果约翰说明天明尼苏达州最大的城市会又下雨；那么你能合理地推断明尼苏达州最大的城市正在下雨。更重要的是，如果你碰巧知道"明尼苏达州最大的城市"的指称物就是明尼阿波利斯，那么你能理所当然地推断出，正如约翰所说，明尼阿波利斯又在下雨。事实上，你能够推出，即使约翰本人也不能推断，因为他不知道"明尼苏达州最大的城市"指称明尼阿波利斯。关于洛伊斯、克拉克和超人的例子、晨星和昏星等例子也是如此。［作者打哈欠。］

84

85

---

① "难道一个人不会对约翰所说的真相感兴趣吗？"确实；但它与指称主义相一致，坚持认为：对一次言说之真的兴趣只是对满足其真之条件的兴趣。

　　　　相比之下，因为你想知道这些东西如何（从心理学上来说）伴随约翰，如果你对约翰所说的感兴趣，那么他所使用的语词指称的东西就主要不是你想知道的、关于什么的东西。

斯纳克：我会相信：如果你想从约翰所说的话推断出这些东西如何（从心理学上来说）伴随约翰，你主要想知道关于约翰所说的正是什么呢？如果它不是指称语义学告诉你所关于的那类东西，那么它是哪种东西呢？

作者：你的意思是，假定 RTM？

斯纳克：哦，很好；假定 RTM。

作者：接着，大致来说，这正是约翰如何表征东西（things）；特别是，什么心理表征提升了他的言说方式。（当然，如果你对这些东西如何在认知上伴随约翰感兴趣，那很可能就是你想要知道的。然而，你可能想知道约翰关于明尼阿波利斯又下雨的感受如何。无聊、愤怒、冷漠、心烦意乱、愤慨，等等。在这种情况下，他指称明尼阿波利斯作为"那个非常潮湿的城市"而不是作为"明尼阿波利斯"或"明尼苏达州最大的城市"，这很重要。）简而言之，当你对这些东西如何在心理学角度上伴随约翰感兴趣时，你很可能想知道或者不只是想知道，当他说他做了什么的时候他指称什么，而是有关这些东西的什么心理表征提升了他这么说的方式。

　　　　总结与实质：要从约翰对世界的言说方式中推断，你所需要的就是语义学（即指称语义学）所提供的那种东西。但是，如果你想从约翰的言说方式中推断出（如）他的心灵状态，或他的后续行为，你需要某种类似于他对他所谈论东西的表征方式；也就是说，你需要一个比指称更单薄

86

的东西。

　　洛伊斯很喜欢超人，但克拉克对她冷淡。你的指称语义学本身并不能理解这一点。你还需要知道，洛伊斯拥有两个有关克拉克·肯特（/超人）的共指称表征，并且每个表征都与它自己独特的推理和态度相关联。如果你想要预测洛伊斯的行为、偏好、推论等，你必须知道她所处的心理状态中的哪一个表征被激活。顺其自然吧；毕竟，为什么语义学本身必须理解所有这些呢？

斯纳克：这样你就拥有一个内容二因素理论。我就知道，我就知道，我就知道。在我相信你的时候你却停滞不前。

　作者：完全不是这样的。我不认为集中在概念表征模式周围的信念、感受等与该概念的内容有关。[①] 但是，在任何合理的论述中，你都不能（只是）从概念的内容（即从它们的语义；也就是从构成的内容）来预测行为。你可以从信念、愿望、希望、绝望等这些概念中预测行为。每个人都同意

87

---

① 斯纳克：我知道你迟早会作弊的。你现在还没有无保留地放弃心理规律是意向的这种断言吗？你不是在导言中说（我引用）"心理状态内容之间的关系在典型命题态度解释中起作用［强调斯纳克的］"吗？

　作者：我确实知道；但是在认同表心理状态内容的心理规律和认同拥有含义的心理表征之间还有回旋的余地。如果一个意向解释是那种诉诸规律的解释，并且其中这种规律包括拥有含义的心理表征，那么我确实承诺，不存在这样的事情：毕竟，CTM 的一个要点是将心理过程定义在心理表征的句法属性上，进而避免一种承诺意义的心理学：在含义方面，CTM 是一个取消还原程序（a program of elimina-tive reduction）。另一方面，如果通过意向规律，你的意思是指切分东西比指称做得更好（例如，通过区分克拉克·肯特思想和超人思想），那么心理规律毕竟典型地是意向的。不管你谈论方式如何，我都赞同。从长远来看，计算心理学是图灵发明的一种技巧，它让人觉得存在含义，而且它们引起事情发生（严格地说，即使不存在含义，因此它们也并不引起事情发生）。经验法则：如果存在某种你似乎需要含义来做的事情，要么用句法来做，要么根本不做。（LOT₁ 对此有详细的论述。）

这一点，当然也包括指称论者。如果真有的话，争论的问题是哪种信念、愿望等，在其中一个概念所涉及的是有关其同一性的构成。指称论者说："这些都没有涉及，最重要的是外延。"不是指称主义者的人必须以其他方式作出这种区分。但每个人都不得不作出区分（除了内容整体论者之外，没有人应该解释它们存在于界限以外）。

所以，长话短说，你能够明白为什么某人会认为概念既拥有指称又拥有含义。思考一下，即使是错误的，也会对真实的某物作出反应；也就是说，概念既拥有指称物，又拥有它们被嵌入其中的一系列信念（等等）。只是前者与该概念的内容有关，后者则与其在心理过程中的（例如推理）作用有关。两者之间的区别是独立地被激发的；内容是组合的东西，而推理作用之类的则不是。

将心理学与语义学混淆是一个非常糟糕的主意：心理学是关于头脑中所发生事情的。语义学是关于表征与世界之间（表征和其所表征的事物之间）的构成关系的。原则上讲，不存在诸如意义心理学理论这样的东西（正如在原则上，不存在诸如意义认识论理论这样的东西；并且其原由也没有什么不同）。①

斯纳克：我设想你思考：对于每个思想者来说，思想所拥有（不同

---

① 顺便说一句，我关注的是，我正在讲述的、关于 PA 属性研究的事情与我在其他地方讲过的、关于语言理论应该如何理解诸如"顺从"于"专家"现象的事情非常吻合；也就是说，它们既不属于语义学，也不属于（认知）心理学，而是属于语言交际的语用学（见福多，1994）。成为一名（可能这样的）英语言说者之所以需要付出代价，其原因之一是，你能够使用英语言说共同体其他成员作为观察工具。如果你想知道那是一棵榆树还是一棵桦树，那就雇用一位讲英语的植物学家，向他指着那棵树，并注意他所说的是"桦树"还是"榆树"；这种机会在于：当且仅当那是榆树，他会说"榆树"；当且仅当那是桦树，他会说"桦树"。如果他在这两个方面都失败了，那就要求退还你的钱。（当然，成为一名英语言说者需要付出代价的另一个原因是，你可以阅读莎士比亚原著。）

于其语义内容）的那些推理作用或多或少是怪异的。例
如，当约翰去明尼阿波利斯时，他是否带上雨伞，这取决
于（在想象情况下）他是否知道它是明尼苏达州最大的城
市吗？

作者：正是如此。

斯纳克：但这样的话，公开性怎么样呢？尤其是初始概念的公开性
怎么样呢？

作者：所以呢？那又如何呢？两个人有相同的初始概念当且仅当
他们有相同外延的初始概念。比较：我、亚里士多德，还
有 WATER。

89

斯纳克：啊，但是初始概念本身怎么能是公开的呢？你的概念
WATER 怎么能和亚里士多德的概念 WATER 一样呢？

作者：问题很好；因此，让我们转到：

3.6　公开性

CTM 依赖于经验假设，即一个心灵用何种语言思考的过程中，其所具
有一定稳定性的经验假设。相同概念类型的个例必须能通过无论什么计算在
其上被定义来识别。不同概念类型的个例也必须是可识别的，即使这些概念
是共外延的。如果概念是复杂的，它可以通过词汇表和（构成）结构来识别。
如果概念是初始的，那么它可以通过心理过程所敏感的某些或其他（可能是
神经学的）属性来识别。我认为，一个指称论者所要求的就是：对于弗雷格
来说，为了解释为什么似乎如此清晰以至于一个思考者能相信 Fa 而不相信
Fb，即使 a=b。（以及为什么有那么多哲学家追随弗雷格走到了同样的死胡
同）。但是，当被涉及多个心灵时，概念的同一性条件会变成什么呢？

特别是，当被涉及多个心灵时，初始概念的同一性条件是什么？也许它
属于我的心灵架构，在其中一个给定的基本概念的所有个例都是相同（例如）

神经属性的个例（我假设心灵一般不会改变大脑中枢）。但不能想当然地认为，某一基本概念在不同的心灵中是由完全相同的神经属性来实现的。火星人呢？还是婴儿？还是狗和猫？或者，据我所知，你和我？

简而言之，完全有可能的是，不同的心灵在 PA 描述下比在神经学描述下更相似。实际上，命题态度心理学应用于不同种类生物的范围越广，它以应用于所有生物的相同方式被实现的可能性就越小。这并不会让那些认为 PA 心理学领域可能非常狭窄的人担心；例如，它只能适用于同一种公共语言的流利言说者。[①] 但是先验的论证被假设来显示它们从来都不是可信的。随着年龄的增长，它们变得越来越不可信。哪种生物拥有我们的各种心灵，这应该是一个经验性的问题；也就是说，只有拥有我们这种大脑的生物才会这么做，这不应该是先验的。普遍性本身就是一种认知优势，所以这是一条不言而喻的真理，在其他条件相同的情况下，PA 心理学规律应用得越广，我们就越拥有经验主义的理由来相信 PA 心理学为真。

因此，我称之为"公开性问题"：输入初始心理表征的个例不能通过诉诸其构成结构来处理。初始概念没有任何构成结构，这就是它们被称为初始的原因。它们不能通过神经学来输入，这就使得火星人不认为这是先验的。那么，协调指称主义和概念是公开的，这如何可能？或者，把同样的困惑稍微换个说法：我们不能想当然地认为，计算上同质的初始心理语言表达式本身具有神经学上同质的实现。事实上，我们最好想当然地认为，它们通常不会这样。那么，我们如何获得一个适用于不同心灵的基本概念的类型 / 个例标准呢？

回答：赞同功能主义，这不仅仅是关于意向心理学及其各种计算实现之间的关系，也是关于计算心理学和它的各种物理实现之间的关系。

---

① 当然，这是 20 世纪心灵哲学的主要论断。维特根斯坦、奎因和戴维森都以这样或那样的版本接受之。我觉得这种共识没有说服力。

对于 PA 心理学只在非常狭窄的领域中概括化的一种不同方式，参见金（1992）。对于（基本上没有同情心的）评论，参见福多（1998：第 2 章）。

　　如今或多或少的共同基础在于，至少在原则上，一个 PA 的计算实现可以因心灵之间的不同而不同，这与通常的功能主义者苛责是一致的：你对 that P 的相信可以拥有不同的计算结果，相比之下，我对 that P 的相信在任何情况下也是如此，在这些情况中拥有该信念的计算结果不是有关其内容的构成成分。"原则上，你能够使得有关实践上某个东西的一个心灵"多年来一直是哲学心理学中的功能主义口头禅。但同样地也存在这样的可能性，计算状态也可以在心灵或时间上被多重实现。特别是，相同初始心理表征的个例可以由不同的子计算属性来实现，而心灵中这些子计算属性在其计算描述下是类型相同的。这只是说，神经学解释会提供计算解释的还原，并不比计算解释会提供意向解释的还原更有可能。

　　拥有相同心理学的心灵的共同之处是意向规律，这些意向规律是包含它们的，而不是实现这种意向规律的计算机制或神经机制。意向状态和意向过程由计算状态来多重实现；计算状态和计算过程是由神经状态（或无论其他）来多重实现的，而且就我所知，神经状态是由生化状态来多重实现的；以此类推，直到（但不包括）基础物理学。[①] 据我所知，只要多重实现中的每一个实现都执行相同的意向规律，它就能够一直往下进行多重实现。

　　这是一个很大的谜团，不仅仅是在心理学上，为什么如此多不同类型的低层次现象聚集在一起来支持这些相同的高层次概括化。如果他们不这样做，就不会有高层次概括化来把握，并且我们根本不需要具体科学；我们可以很好地与基础物理学相处（或者，更少地说是在物质模式下，我们可以不进行任何功能分析，只进行还原）。这是一个形而上学的难题，我还没有找到答案。但是，在我看来，这个谜团既不是特定于意向心理学与其各种计算实现之间的关系，也不是特定于计算心理学与其各种生理表征之间的关系。所以，就当前目的（虽然不是形而上学的长期目标）而言，假装它不存在是没有问题的。

91

92

---

① 功能分类法允许在某种描述层次上类型同一的事物在下一个层次上是异构的。这就是功能分类法的用途。但是在基础物理之外不存在下一个层次；基础物理其职责止于此。

附录：关于弗雷格问题和文件效用的一个记录

哲学家们通常是在关于有效性和语义等值的一组有限制问题背景下讨论弗雷格问题的。特别是：表达式必须分享哪些语义属性，使得彼此的替换在 PA 的动词范围内是有效的？然而，如果接受我所推荐的处理这类情况的方案，那么弗雷格问题被认为与认知科学中大量广泛的经验主题相关。这应该不足为奇，因为这种处理方式的动机很大程度上是出于服从这样一种主要要求的渴求而被激发的，其中这种要求体现在，即心理过程的计算描述强加于心理表征理论：如果心理表征在心理过程中的作用不同，那么它们必须以心理过程能区分的方式在形式上有所不同。因此，例如，指称帕德瑞夫斯基的心理表征的个例标记能够拥有相当不同的心理／计算后果，这些后果依赖于在一个人心中它是钢琴家还是政治家。基本上，这就是为什么帕德瑞夫斯基需要两个不同的心理语言名称，即使只存在有关他的一个名称。我认为，对于 RTM 和 CTM 能够以及应该，与语言哲学和心灵哲学中熟悉问题相互作用的方式，这是典型的。在本章逐渐收尾之前，我想稍微扩展一下。

如果我已经告诉你的这些内容是对的，那么心理语言的非逻辑词汇就是认知心灵／世界关系呈现的核心所在。一方面，根据 RTM，心理语言单称词项、谓词及其类似物指称世界上的东西；另一方面，心理语言表达式就是心理过程被定义其上的表征。LOT 的任何可信版本都会不得不解释心理语言公式如何能同时扮演这两个角色；它的公式如何既能适用于世界上的东西，又能在心理过程中因果地彼此相互影响。如果 LOT 的一个版本不能做到这一点，它就应该选择趁早出局。

许多哲学家，甚至是 RTM 派的哲学家，都已经试图回避这个问题。毕竟这没什么好惊奇的；由于 RTM 和 CTM 充其量只能被认为是经验论题，因此，在最好的情况下，任何事物既是语义上可赋值的，又是在心理过程的范围之内。从认识论者的观点来看，这似乎是一场灾难。如果这些偶然关联貌似合理地是经验知识所依赖的，那么就不太可能有一个合理的先验论证来反对有关经验知识的怀疑论。对于认识论者来说，反对有关经验知识怀疑论的一个合理的先验论证的重要性如同圣杯对于圆桌骑士的重要性一样。（我认为他们也没有太好的运气。）

因此，我们发现了两种常年存在的哲学思潮，它们都试图避免心灵—世界—关系问题：唯理论者（我认为，如休谟和康德）实际上否认世界尽头存在任何东西；而行为主义者（我认为，如赖尔和维特根斯坦）实际上否认了心灵尽头存在任何东西。根据前者，世间万物都是依赖心灵的。根据后者，没有心灵，只有（可能是）行为倾向。在这两种情况下，大脑中如何能存在东西，并且这些东西不仅彼此相互因果作用还依赖于世界之如何所是而具有语义赋值，这都没有任何问题。不存在这样的问题，因为根本就没有这样的事情。

相比之下，心理学家往往满足于把关于心灵、世界以及它们之间关系的实在论视为理所当然，任由认识论的碎片随处散落。（行为主义在这方面是反常的。）接下来是，这类认知心理学家最近认真对待的一个理论片段概况。我认为它本质上是有趣的，在目前的背景下值得注意，因为它与弗雷格问题有关。简而言之：M（JOHN）的个例标记既可以在我们的思考中指称约翰方面起作用，也可以在心理过程中与其他心理表征的个例因果地发挥相互作用。这是因为，心理表征既能够用作世界中东西的名称，也能够用作记忆中文件的名称。我想继续探讨这个文件隐喻。①

把你的头脑想象成包含（除其他事物之外的）一个任意大的文件柜，这个文件柜又能依次包含一组任意大的文件集，这个文件集又可以包含任意数量的备忘录。② 我们能够把这些文件以及它们包含的备忘录看作像现实世

94

———————

① 据我所知，文件隐喻最初是特雷斯曼和施密特（1982）提出的。有关讨论，参见皮利辛（2003）。

② 这是一个有趣的问题，即"任意大"是否意味着潜在的无限；如果确实如此，则"潜在"是什么意思。关于如何应用性能/能力区分的熟悉担忧出现在这里。就目前而言，我建议只是乞求他们。

界中包含真实备忘录的真实文件一样。（当然，除了心理备忘录是用心理语言写的之外；因为在人们的头脑中不得不对此留有空间，所以心理文件柜不能占用太多空间。）① 基本想法是这样的：当你被介绍给约翰（或者以其他方式被告知他）时，你指派给他一个心理语言名称，然后你打开一个心理文件，② 并且这个相同的心理语言表达式 M（约翰）既用作约翰的心理语言名称，也用作包含你关于约翰信息的那个文件的名称；就像在不带本体论偏见的文件柜里出现不带本体论偏见的文件一样，标签为"约翰"的那个文件很可能是你找到关于约翰材料的那个文件。

95

M（约翰）的个例是在你的思想中你用来表征约翰的东西。思维中的名称（与思维中的摹状词相比）提供了一种将约翰带到心灵面前的初始方式。因此，思考约翰与谈论约翰并没有什么不同；在简单情况下，这两者都是通过使用一个表征个例标记（即他的名称）来获得的；并且，正如 RT 向我们保证的那样，表征个例既具有因果力也拥有语义赋值条件。但是，根据目前的说法，M（约翰）是当你想要得到约翰的电话号码，或他的猫的名字，或他的心理意象（如果确实有这样的东西），或其他的什么时，你"去找"的那个文件的名称。实际上，根据这种论述，我们在文件名称中思考；文件名称的个例既用作我们思想的构成成分，也用作我们用来指称我们所思考东西的心理语言表达式。如果你用心理语言被给予约翰的名称，那么你就被给予了一个文件的心理语言名称，在其中你保存着（其中一些，见下文）你关于约翰所相信的东西。③ 在文件名称方面有人认为是，我能阐述我目前倾向于

---

① 它们有多大，谁也不知道；也许像神经网一样大，也许和亚神经分子一样小。没有人知道，尽管许多人假装知道。

② 哪些备忘录（如果有的话）在出生时就在这个文件中？天赋论者会说"很多"，经验主义者会说"很少或根本没有"。双方观点都与这个文件描述的一般结构是可兼容的；但请注意，双方都预设了认知天赋，其包括（可能为空）文件的一个库存清单；双方都预设了心理语言（即与用来撰写备忘录的语言有关）的可用性。你能摆脱的、极少的天赋性，它真地被构造到 RTM 方面实际上是相当多的；事实上，许多明智的经验论者已经注意到了这一点。

③ 杰西·普林茨已经提出了一个问题：为什么一个人不应该使用整个"约翰"文件（而不

支持 RTM 版本的最佳总结。

我们再次理解了为什么帕德瑞夫斯基必须在心理语言中有两个名称。如果你认为有两个帕德瑞夫斯基，那么当你想要检索你知道的（/ 相信）关于钢琴家的知识时所获得的文件与你想要检索你知道（/ 相信）关于政治家的文件时所获得的文件有所不同。① 但是，如果你应该逐渐相信这个钢琴家是这个政治家（帕德瑞夫斯基 1= 帕德瑞夫斯基 2）你只需合并相应的文件。②

96

我真地认为，这种文件说法有助于认知心灵的（一点）经验理论化。例如，在 CTM 的任何版本上，我能想象，当你通过个例标记表征 M（X）来思考关于 X（或 Xs）时，肯定会出现一个问题，这个问题是关于什么（即其他什么）会出现在心灵中的。要正确看待这个问题，我们应该牢记一个一直困扰着有关认知架构的联结主义说明的难题。联结主义者认为，联结节点引起规范的、心理表征的共个例标记。但是，既然每个人都知道典型的房子有门和窗，为什么当思考房子的时候，不是每个人都想到门或窗呢？密尔（在逻辑上）对此有些困惑。③

是仅仅使用它的标签）在思维中表征约翰。简短的回答是，在典型情况下，当你思考 M（约翰）时，你不会思考你所相信的关于约翰的一切。对此稍后再多说些。

① "这很重要"的意思是：你的思想很大程度上为真，以及你的心理过程很大程度上是保持为真的，对于这些来说，它是经验上必要的条件。

② 当然，除此之外，没有"你"被要求来做这种合并。在最简单的情况下，这些文件本身合并成一个直接的因果结果，即 PADEREWSKI₁ = PADEREWSKI₂ 的标记存在于你的信念盒中。可以肯定的是，在你思考这事情的过程中存在着理智化的过程：你对自己说（或许用心理语言）"帕德瑞夫斯基 1 是一位政治家，帕德瑞夫斯基 2 是一位钢琴家，帕德瑞夫斯基 1= 帕德瑞夫斯基 2，因此帕德瑞夫斯基 2 是一位政治家，帕德瑞夫斯基 1 是一位钢琴家"。但是，如前所述，这些并不是基于乌龟 / 阿基里斯问题上文件合并的那种基本案例。

相反，尽管有很多广告，LOT 并不需要在你的机器里有一个幽灵；它甚至不需要你的幽灵。

③ 在关于思维"指向性"问题上，心理学家中的"维尔茨堡学派"同样明确提出了类似的观点。当一个人认为房子在很大程度上取决于这种思考有助于他的哪个研究项目时，他还会想其他什么东西；强烈的直觉是，一个人意识到以某种方式指导他思维流的研究项目；但是，这种直觉对联结主义者来说必定是耻辱，因为他们坚持认为，思维流完全是由观念之间的联结强度所决定的。我们仍然还没看到这最后情况；参阅联结主义者和经典

当然，事实上个例标记 M（X）通常不会让人想到它的联结点；这也是一件好事，因为如果它真的发生了，人们的思维将永远与他的这些联结点脱离。我已经听说这是导致精神分裂症患者确实出现问题的原因；思考房子引起他们想到烟囱，这引起他们思考烟，这又会引起他们产生火灾的念头，然后引起他们想到水，等等；结果他们永远无法思考（可能是）我住在左边的第三栋房子里。我不知道这对精神分裂患者来说是否正确，但问题是完全真实的。如果如联结主义者所设想的那样，你的认知词汇是一个因果网络，在这个因果网络中，节点 HOUSE 和节点 WINDOW 之间存在一种低阻力的关联，那么你如何能可靠地对其中一个有想法，而不是对另一个产生想法。

回答是：你的认知词汇不是有关这些联结点的一个网络，它是一个文件系统。在目前这种情况下，这种文件说法至少提出了两种可能性。也许 M（窗子）根本不在你的 M（房子）文件中；也许你的房子有窗子这个信念并不是你一直保存在你记忆中的东西；相反，它是从你的文件中你拥有的任何东西和你所接受的任何推理规则一起"在线"被推出的。当然存在像这样的许多情况；莎士比亚未曾有过一个电话这个信念，是一个典型的例子：这个场景何时出现以及如果出现，这不是你头脑中你保持的某物，而是你推出的某物。

或者说，M（窗子）毕竟是在你的文件 M（房子）里。但请记住，只有 M（房子）文件的名称（而不是文件本身）才是一个人在思考房子时用作其思想的构成成分。① 相比之下，为了从 M（房子）的一个个例中获得 M（窗子），你不得不在 M（房子）文件里面查找；你做或不做这些事情（不是取决于你的联结倾向而是）取决于你对任务需求的估计。由于一个文件架构使

CTM 之间关于心理过程是否需要一个"执行者"来运行的论证。对于一个拿着锤子的人来说，所有的东西看起来都像钉子，这根本不是真的。为什么不是呢？

① 也就是说，当一个人思考关于房子"如此"的时候，在这里，正如讨论的其他地方一样，PA 的内容是从言地被具体化的，除非存在对其相反情况的明确关注。

得一个文件和它所包含的备忘录之间的区别是原则性的（也就是说，不仅仅是联结的），在拥有概念 HOUSE 和拥有一个或其他关于 HOUSE 概念信念之间，它允许有一个相应的原则性区别。这正是尊重思维的这种指向性所需要的，这貌似合理。联结主义把这种思考从思维中抽离出来；CTM，连同这种文件说法，一起将它又放回原处。

还有一个小插曲。从一个文件到另一个文件，通常是一个推理的过程，而不是一个联结的过程。但是建议文件名之间存在联结，这是完全合理的，如果你已经访问了一个关联的文件名，那么（所有其他方法都相同）访问一个给定的文件名就会更容易。我想这就解释了"语义启动（semantic priming）"现象。你对实验被试说："我要连续向你们展示两个刺激物；第一个会是一个词，第二个会是一个词，但也可能不是。你的任务就是尽可能快地决定它是否是一个词。"然后，你把你的实验被试分成两组：一半人紧随"窗子"看到（可能是）"房子"序列，另一半紧随"鱼"看到（可能是）"房子"序列。你可以控制频率、词长、词复杂度和其他讨厌的变量。接着，在这种情况下，你会发现思维是没有指向的；重要的是这种联结的强度：Ss 在"房子"……"窗户"方面看到的这种序列要比在"房子"……"鱼"方面做得更好。[1] 这与这种文件说法非常匹配：当你看到"房子"时，文件 M（房子）就有助于被搜索到。由于 M（窗子）是 M（房子）的一个高度联结点，访问后者有助于访问前者。所以从 M（房子）到 M（窗子）比从 M（房子）到 M（鱼）要快。这似乎是件好事，因为很有可能，你想从 M（房子）到 M（窗子）比你想从 M（房子）到 M（鱼）经常得到的要多。在一般情况下，不可能的是，严格采用那个匹配联结点的理论来控制思维流；但是，当没有其他事情可做时，它们可能偶尔会有用。我之所以提到这一点，不仅是因为经验结果很有趣，而且还因为，一旦你已经看到文件到文件的转换在一般情况下不可能是关联的（这种关联不可能是指导思维的），你可能就会开始疑

---

[1] 然而，这一结果的经验状况并不确定；如果存在语义启动，这是一个相当微妙的效果。有关评论，参见福斯特（1998）。

惑，这种关联到底是为了什么。这是一个好问题，目前的考虑可能是答案的一部分。

我一直在告诉你一件事情，假设一个文件架构可能有助于解释常规的思维指向性。一个被命名文件观念，以及通过该文件名访问文件的想法，是这件事情的核心所在。显然，这只是我在试图为基本概念构建弗雷格案例说明时所诉诸的想法的一种变体：因为名为"PADEREWSKI$_1$"的文件与名为"PADEREWSKI$_2$"的文件是不同的，所以约翰可以一直质疑是否帕德瑞夫斯基＝帕德瑞夫斯基。因此，如果 LOT 为真，那么弗雷格问题和思维指向性问题就会成为同一问题的一部分；这本身就是相信 LOT 为真的一个理由。每一只乌龟都站在另一只乌龟的背上，一直向下都是这样。

最后，请注意，有两种方式可以讲述关于文件和文件名，这两种方式都与 LOT 和 CTM 是可兼容的。一种方式可能坚持认为，文件名是受其所命名的文件内容制约的；或者另一种方式坚持认为，它们不受其制约。（后者大概是说，某人认为柏拉图是素数，他仍然能够拥有关于柏拉图的思想；他所要求的只是一个心理语言表达式 M（PLATO），它指谓柏拉图以及其名称为 M（PLATO）的一个文件，它包含是一个素数这一心理语言的无论什么东西。）如果像我一样，你是一个指称原子论者，那么你将承诺后一个选项；然而，不是因为 RTM 或 CTM 本身需要它，而是因为指称原子论需要它。如果你选择另一种方式，坚持认为一个文件名的语义学在某种程度上受其命名的文件内容的制约，你将不得不说心理语言名称事实上被要求具有一些描述性内容，并且对于每个文件名来说存在一些描述性内容，其相应的文件实际上被要求具有这样的内容。但无论是哪种方式，你都有一个合理的答案来回答这个问题："对于我们来说，思考关于这个世界，这如何可能？"[①]也就是说，我们用文件名思考，文件名是双面的：一面朝向思维，另

[①] 不言而喻，这个答案无法满足（或者，无论如何，他说他能）质疑我们能思考关于这个世界的怀疑论者。心理学在常规科学的假设范围内运作；从定义上讲，怀疑论者是不会这样做的。

一面朝向思维所关于的东西。我认为这确实非常令人满意。也许一切都会好起来的。

　　斯纳克：另一方面，或许不是这样。

4

局部性

我想这本书可能被称为："关于某个研究纲领的注释"。其目的是要说明，通过将（至少有些）心理表征是类似语言这样的论题与（至少有些）心理过程是心理表征的句法转换这样的论题结合，来建立认知心理学，这种想法会发生什么。我承认，到目前为止，在文本中偶尔是会爆发出一种乐观情绪的；在我看来，我们现在比50年前更了解认知。但并没有了解得那么多，远没有认知科学宣传经常说的那么多。事实上，我认为关于认知的真正难问题最近才开始在我们面前出现，其可怕程度可想而知。特别是，我认为，有越来越多的理由来怀疑这种"经典的"RTM LOT CTM 模型是像有关认知心灵如何运作的一般描述一样的东西；我们目前对认知过程某些方面的困惑程度就是有关这种失败的衡量。① 当然，这不是一个值得哀叹的理由。许多我们认为最好的科学都是从对表面上令人感兴趣观念的证伪中才学到的：这是一个通过发现你不在哪里来找出你在哪里的问题。正如福尔摩斯所说："当你排除了所有的不可能，剩下的一定是事实真相。"当然，假定还剩下什么，以及假定仅仅还存在其中之一。无论如何，这一章是关于什么似乎已经出问题了。

每个小学生都知道，认知科学始于1959年乔姆斯基对 B.F. 斯金纳的《言

---

① 我在 *LOT*₁ 中警告过，事情可能会变成这样；见其最后一章。

语行为》的划时代评论。乔姆斯基对斯金纳范式的解构为从那以后我们一直
在研究的许多现代心灵表征理论设定了议程。(当然,当时我们并不这么称
呼它。在那些日子里,即使是挑剔的人也可以说"范式"仍然意味着范式;
幸运的是"解构"还没有被发明出来,也不会被发明出来。)这就是过去 50
年左右认知科学发展的标准说法。当然,以这种方式解读历史有很多值得称
道之处。乔姆斯基对斯金纳的评论再加上他的句法结构,从根本上(人们可
能还会永久地希望)改变了心理学家对语言和认知的思考方式。也就是说,
同样引人注目的是,过去几十年认知科学讨论的一个主要话题是乔姆斯基很
少触及的,尤其是在他的早期作品中;即一般心理表征的本质,尤其是概念
的本质。[①] 当然,这些是 *LOT*1 和这里的主要关注点。

　　值得强调的是,乔姆斯基对斯金纳的批判是由几条不同的线索交织而成
的,其中对行为主义的攻击在当时是最有影响力的。乔姆斯基指责斯金纳把
心灵排除在认知心理学之外,并认为正确的做法是把它放回去。我认为乔姆
斯基在这一点[②]上是完全正确的,这个问题已经不再有严重的争论。行为主
义现在主要是作为一个可怕的例子而幸存下来,即当心理学家相信哲学家告
诉他们的科学方法时,会发生什么。

　　无论如何,行为主义是一种反常。至少自洛克以来,盎格鲁心理学的主
线是一种心理主义联结主义;斯金纳在他的心理主义方面与之偏离,但与其

103

[①] 为什么乔姆斯基如此经常地回避这个问题,这是一个具有某种注释学意义的问题。我怀
　　疑那是因为他或多或少地认为某种概念"理论理论(theory theory)"是理所当然的。(例
　　如,说者 / 听者对其语言的概念是由他的(内部表征的)语言语法构成的;他的名词短语
　　概念是由决定"NP"行为的语法规则构成的;等等。)这是一个关键点,对此乔姆斯基思
　　考的几个重要方面汇集起来,特别包括他对语义学和语言结构的"心理实在性"的讨论。
　　我很想试着把这个问题说清楚,但我不打算这么做。
[②] 或者,不管怎么说,这是非常正确的,但这无关紧要。也许有人会说,斯金纳所意指的
　　东西不是一种取消行为主义,而是一种还原行为主义。根据这种观点,毕竟存在诸如相
　　信、意欲、期望等心理状态,但它们在某种程度上可以归结为丹尼特所说的行为中的"真
　　实模式"。这样解读斯金纳会让他更像赖尔或维特根斯坦,而不像他通常被认为的像(如)
　　华生。

联结主义方面没有偏离。经验论传统认为，联结是"观念"之间的一种关系，而斯金纳则认为它是刺激和反应之间的一种关系。但联结主义本身却没有受到任何一方的严重质疑。事实上，这种联结主义的共识在目前许多神经心理学理论（例如，参见勒杜，2002）以及在联结主义中仍然完好无损。不难发现这很让人感到沮丧。相应地，在乔姆斯基批判中，现在看来最重要的是，他对联结主义者提出的两难问题；也就是说，你能够有联结性的心理过程，或者能够有产生性的心理过程，但你不能两者兼得。

这个问题的核心是，联结应该被假定是一种对连续性敏感（*contiguity-sensitive*）的关系。这样，休谟认为，这些观念与其个例标记的时间连续的一个函数相关联。（联结强度的其他决定因素据说是"频率"，还有一种说法是"相似性"。）同样地，根据斯金纳的理论，反应成为对刺激的条件反射，这是它们的时间连续与强化物的一个函数。相比之下，乔姆斯基争论到，心灵对心理表征或语言表征中相互依赖元素之间的关系非常敏感，而这些表征可以是任意相去甚远的东西。[①] 由于联结是连续性敏感的，因此这种关系不能成为联结。与产生性问题的关联是直截了当的：说一个关系能够在一个表征的任意不连续部分之间持有，就是说能够存在任意多个这样的表征；因此，有关复杂（心理的或语言的）表征的产生性争论有这种相同考虑，进而争论反对有关表征结构的一种联结性说明。你能够拥有联结主义，或者你能够拥有产生性，但你不能两者兼得，就像之前说过的那样。

这些都是有经验者所熟悉的，我就不再赘述接下来的论辩了。抛开细节不谈，似乎很明显，反对联结主义的产生性论证出发点是正确的。联结网络本质上是具有有限容量的系统。因此，它们所能做的最好事情就是近似产生性，实际上就是列出真正递归能力所能产生的无限输出的有限子集。[②] 由于

---

① 举个微不足道的例子："（约翰）（是……可能松开）（他的吊带）"，其中"他的"的指称取决于"约翰"的指称和可能的干预序列包括"很有可能""是非常、非常有可能""是非常、非常、非常有可能"等等无限下去。

② 有些人对无限认知能力的假设持怀疑态度，但事实证明，如果不这么做，也可以得出同

人类认知似乎经常表现出如此无限的能力（众所周知，一组结构良好的英语句子是无限的），我们的心灵不能成为联结的网络。

而且，对联结主义的主要论证一直缺乏真正的竞争对手。自然主义心理学的规律可能会在其领域内的对象之间假定存在因果关系；如果没有关联，这些会是什么呢？但是计算机改变了这一切。一方面，没有理由来说明为什么计算关系需要是连续性敏感的，因此，如果心理过程是计算的，它们能够对被定义其上的心理（/语言）对象之间的"长距离"依赖（dependencies）敏感。另一方面，我们知道计算能够由因果机制来实现，这就是计算机赖以生存的方式。[①] 所以，心理过程是计算的，这一论点并没有承诺二元论的形而上学，对此，心理主义的早期版本经常受到指责。简而言之，一门严肃的认知科学需要与心理表征的产生性相兼容的一种心理过程理论，CTM负有责任来提供这样一种理论。那么，就这些了吗？CTM是关于联结主义出错的全部论述吗？

很显然不是。事实上，产生性是极其充满廉价感的；它所需要的只是能够应用于其自身输出的那些计算过程，因此能够运用递归的计算系统不需要能做任何其他有趣的事情。[②]（我猜每个人都知道这样一位计算机科学家，

样的观点，因为我们的心灵（/语言）不仅是产生性的，而且是"系统性的"。有关讨论参见福多和皮利辛（1988）。

[①] 在这方面，计算心理学可以说是比牛顿物理学所达到的条件要好；它们都需要其所应用的对象之间有一定距离，进而采取行动，但对如何会有这样的事情，只有前者拥有机械解释。（对乔姆斯基的论题进行了友好的修正，即正是身体而不是心灵，产生了心灵/身体问题。）

[②] 严格地说，乔姆斯基早期论战的目标往往不是联结主义本身，而是心理过程的"有限状态"模型。与严格意义上的关联系统不同，有限状态生成器（generator）可以表现出有限的递归。例如，如果它们包含"循环"，它们可以生成无限多的"非常"的序列，这些序列可以填补"约翰……可能会忘记他的吊带"中的空白。在早期，确定各种心理模型在递归函数"乔姆斯基层次结构"中的位置似乎很重要。在这方面，明确（例如）关联网络与有限状态生成器之间的确切关系，这是至关重要的。现在似乎不那么重要了。为什么在评价经验理论时，用同样的逻辑句法还能形成其他这样的理论是重要的呢？是否有人关心（例如）地质学中的理论是否可以形式化为有限状态产生器呢？但这些都是复杂

他被发现死在了浴缸里，手里拿着一瓶带有这样说明的洗发水："将肥皂涂上，冲洗，重复"。）确实，联结主义没有注意到在心理过程中递归的重要性；但它也没有注意到什么才是同样重要的；也就是说，所讨论的这种递归是被定义在心理表征的构成结构上的。

106　　回想起来，似乎很清楚，联结主义者无法区分心理表征能进入其中的两种不可还原的（实际上是正交的）关系：一方面，存在联结（association），这是那种比方说观念 SALT 和观念 PEPPER 之间所持有的一种因果关系；另一方面，存在构成（constituency），这是存在于一个复杂表征与其被构造中其构成成分之间的一种部分整体关系（mereological relation）。[1] 如果 CTM 是心理过程模型，那么这就很重要，因为计算运用于表征，是凭借这些表征的构成结构（而不是它们的联结结构）。因为 CTM 是被假设的，心理过程就是计算；由此得出的是，它们被定义在心理表征的构成结构之上。我认为，这是 CTM 强加于认知科学的最核心观点之一。这一点再怎么强调都不为过。

那么，就这些了吗？我的意思是：心理表征的构成结构和心理过程的递归特征详尽讨论了 CTM 强加于认知架构的那些貌似合理的要求吗？[2] 当然也有认知科学家这样认为。当他们愿意告诉你"心灵是如何运作"时，被定义在心理表征构成结构上的产生过程（productive processes）就是他们争相卖弄的焦点。从这个角度看，我们现在所面临的任务（我们目前所面临的艰巨任务）就是通过明确心理计算规则和计算操作其上的心理表征之构成结构来填补这个架构图式。这种心灵如何运作状态的意义在认知科学中是普遍存

的问题，我建议忽略它们，以达到眼前的目的。

[1]　在一段时间内，一些人希望该构成要素可能会以某种方式还原为联结的强度（见奥斯古德和曾，1990），而且，在主要构成要素的边界上，联结往往相对薄弱；例如，跨越句子的主要构成界限。但显然没有希望将构成要素普遍还原为联结。"狗吠"和"狗唱歌"有着相同的构成结构，尽管从"狗"到"吠"的关联（"过渡概率"）无疑比从"狗"到"唱歌"的关联要得多。

[2]　对于这个有用的概念，参见皮利辛（2003）。

在的，所以我称之为"被接受的观点（the received view）"。[1]

这种被接受的观点毕竟可以是正确的。尤其是，心理表征典型地拥有构成结构，这样的证据是非常有说服力的，因为事实证明，不仅心理表征的产生性，而且心理表征的组合性[2]都非常依赖于它们的构成（constituency）[3]。107尽管如此，我还是倾向于怀疑 CTM 对于心理过程有最终决定权。本章的其余部分将论证，鉴于 CTM 对计算的理解，它受制于它所假定的那些心理过程之内在局部性；而且，正因如此，存在无法解释的认知普遍特征。我并不想假设，我将提供的这些考量是像对这种被接受观点进行反驳一样的东西；但是，我确实认为，风中存在许多稻草，并且这些稻草都在被风吹向同一个方向。

顺便预叙一下，我将提出的论证一般形式如下：

（1）正如我们目前认知科学所理解的那样，计算是一个本质上局部的过程；当一个计算在其范围内"看着"一个表征时，它能"看到"的或在其上操作的，就是它的构成成分的那种同一性和排列（the identity and arrangement）。别的没什么了。[4]

（2）但构成结构本身就是表征的一种局部属性。

（3）因此，根据 CTM，心理过程本身就是局部的，并且他们的局部性强加相当多的限制到 CTM 能允许的心灵模型方面。

（4）但大量的经验考量表明，这些限制不可能被碰到。

我马上就开始。但首先是一些题外话，从关于"局部性"是什么意思这样的题外话开始。

---

[1]　见福多（1998：ch.17）。

[2]　提醒：如果复杂表征的语法/语义属性完全由其结构描述连同其初始部分的语法/语义决定，则表征系统是"组合性"的。

[3]　有关广泛讨论，参见福多和皮利辛（1988）。

[4]　当然，这不是否认计算过程可以比较表征；只是，如果它这样做，它必须就其构成结构来比较它们。

4.1　第一个题外话："局部性"是什么意思

　　关于什么使得一个属性是局部的，对此我不会试图给出一个一般说明，

108 但粗糙的直觉是，X 的局部属性本身独立于除 X 之外任何东西的属性。这
种范式是部分 / 整体关系。考虑一头牛的左后腿。它与整头牛产生这种部分
关系；并且这样做独立于在这个世界其他地方的那些东西如何所是；这头牛
的左后腿是这头牛的一部分，即使在一个只有这头牛的世界里也是如此。现
在，通过假设：计算过程被定义在心理表征的句法结构上；并且心理表征的
句法结构是其构成结构；并且这个组成结构是这种部分 / 整体关系的一种。①
因此，从预期的意义上说，由此得出的是，计算过程是局部的：是否某个心
理表征在某个心理过程的范围之内，这完全取决于该表征与其各个部分之间
的关系。② 因此，这种被接受的观点隐含了认知过程的局部性。然而，事实
证明，认知过程是局部的，这一论题具有非常实质性的后果，而且很有可能
这些后果不是真的。所以论证的主要思路还将继续。关于"局部性"是什么
意思的题外话就结束了。

4.2　第二个题外话：构成结构的形而上学

　　我已经说过，构成结构是部分 / 整体关系的一种。因此，"棕色的"是
"棕色牛"的构成部分，这一事实与有关任何其他英语表达式的事实无关；

109 实际上，它与是否还有其他英语表达式也无关。事实上，这是一个原子论的

---

① 将"部分"理解为"不当部分"是很方便的，这样每个心理表征都是其自身的一个构成部分。
　　因此，计算因其构成结构而适用于表征的要求对初始表征来说是成立的。
② 这只不过是朝着弄清楚计算的含义方向（即 CTM 所理解的计算是局部的方向）作出的
　　一个姿态。例如，它遗漏了属于同一思维流的不同思想构成成分之间的计算关系，如在
　　"约翰吻过玛丽。然后他吻过莎莉"中。（这些与语法学家所说的自然语言中的"话语关系"
　　相似。）然而，很明显，与依赖于信念系统构造的计算关系相比，这种宽泛化仍然使计算
　　关系是局部的。这就是我们目前所需要的一切。

事实，即"棕色牛"这个词的形式由语词"棕色的"和"牛"的构成形式组成。从我倾向于的构成形而上学观点来看，"棕色牛"的构成成分是"棕色的"和"牛"，这可以说是关于英语中符号结构的全部。（当然，概念"BROWN COW""BROWN"和"COW"作了必要的修改。）

现在，这种观点并没有被广泛接受。人们普遍认为，构成结构是表征之间替换关系的一个突现。因此，"棕色的"和"牛"是"棕色牛"的构成成分，这一事实随附于其他这样的事实：英语中还包含表达方式如"绿色牛""棕色猪""深绿色牛""农夫琼斯的、最大的深绿色牛""农夫琼斯的棕色猪"，等等。初步来看，这个想法是，一个表达式的构成成分是其他表达式能够替换来获得良好形式的那些构成成分。如果这是真的，那就会得出：语词的一个形式和它的构成成分之间的那种关系不是局部的；[①] 在形而上学上这依赖于属于同一种语言的语词的其他形式。同样，对于概念来说，通常也需要作必要的修改。[②]

但我不相信这。我没有这样做的一个原因是，这个论题的循环表达似乎是可用的；一个表达式的构成成分不是你能够用来替换的那个表达式的那些部分；它们是你能够用来替换的那个表达式的那些构成成分；一个不太有用的自明之理。考虑（3）（其中"砍倒那些"不是一个构成成分）和（4）（其中"种植"替换"砍倒那些"）。[③]

110

---

① 不存在任何被隐含的悖论。构成成分不只是一个表征的任何部分，它们是取决于它的那些规范部分；然而，一个整体与其各部分之间的关系是局部的，那些使得一个部分是规范的形而上学事实依赖于它与其他表征的关系，这样的说法是完全连贯的。可能的是，只是作为表达式的一个部分完全依赖于该表达式的同一物，但成为该表达式的构成成分部分之一却并非如此。但是，尽管我认为这种说法是连贯的，但我也不认为这为真。

② 这种对构成结构描述的替换类型在"分类学的"语言学中有着悠久的历史（哈里斯，1988 是一个经典文本），而且众所周知，它也出现在哲学中（比如参见布兰顿，2000）。语言本质上是表征系统，它与这种理论自然地相符合：也就是说，它与一种形而上学是相符合的，并且根据这种形而上学，不可能存在一种"有斑点"的语言（见福多和勒伯，1992）。如果关于构成结构是原子论的，我的看法是对的，那么这种理论就不为真。

③ 面对这种情况，一个人可能会对"构成成分"尝试进行一个递归定义，思路是这样的："a 是一个构成成分；Y 是一个构成成分，当且仅当 Y 对一个构成成分作了替换。"但现在一

（3）农夫琼斯砍倒那些树。

（4）农夫琼斯种植树。

我认为，一个表征的构成成分不是你能替换其部分的那些构成成分，而是其语义上可赋值部分的那些构成成分；表面上看，一个表征的哪些部分是可语义赋值的，这并不依赖关于其他表征的那些事实。[①]（从表面上看，"狗"指称狗，这个事实并不依赖其他英语语词指称什么。从表面上看，这也不依赖："狗"意味着狗这样的事实。）在接下来的内容中，我将假设情况如此。如果我是对的，那么心理过程的局部性就是从它们在心理表征构成结构上被定义出来的。如果我说的不对，那就随它去吧。存在一些心理过程，它们不是局部的，这一点仍是悬而未决的。如果存在，那么就存在一些心理过程，它们就不是 CTM 专有术语意义上的计算。就这样我们结束有关构成关系形而上学的题外话吧。

4.3　第三个题外话：被考虑作为一个优点的局部性

我想描述一种情况，在其中假设一个心理过程是局部的，这种假设会作一些严肃而有用的解释工作。我根本不怀疑一些认知过程是局部的。让我担心的是，有些显然不是。

111

认知过程的局部性能够是一件**非常好**的事情。这里有一个例子：假设你正用一种计算架构在工作，并且这种计算架构允许你从内存中的某个位置"获取（fectch）"一个符号 S。再假设 C 是 S 的一个构成成分。然后（除非

切都变成了"a"被某种标准所选择，而这个标准本身并不是替换的。还有待解释的是，为什么"砍倒那些"不能是 X 在（3）中的一个值。（递归定义通常能是具体化外延的一种有用方法；但是，如果你的问题是形而上学的，它们不太可能对你有多大帮助，因为有关它们的本质方面，在它们的起点前提中就包含那种形而上学上令人担忧的术语。）

① 确实，尽管一个表达式的一个部分的语义赋值是什么，这能够依赖于那些不是局部的关系；如同在语篇回指中一样。考虑在"比尔有许多朋友，但是约翰不喜欢他"中"他"的那个值。

发生故障），如果"获取"操作提交了 S，也就被保证提交了 C。这是因为，根据假设，这个获取操作是被定义在它所应用的那些表征的构成结构上的，并且这些构成成分是部分（parts）；如果你获取一个东西的全部，你也就获取了它的部分的全部，这是自明之理。这是一个很简单的例子，说明了这种"获取"所是的计算操作类型与那种构成所是的结构关系类型之间的一个交互作用。

但是现在假设你最喜欢的认知架构把联结而不是构成当作心理表征之间的一种关系。这样，联结在强度方面从非常强到非常弱。那么，考虑一个非常强的联结，如 DOG/CAT。假设即使思考 CAT 让你想到 DOG 的概率很高（比如，与思考 CAT 让你想到 KANGAROO 的概率相比），它肯定小于 1：至少在某些情况下，思考 DOG 不会让你想到 CAT。至少，我们心灵类型中的一个心灵总是有可能想到 DOG，但不会想到 CAT（从统计上、逻辑上、术语上、概念上和形而上学上说）[1]。

因此，有时候获取 CAT 的时候会得到 DOG，有时则不会。相比之下，你不会思考 BROWN DOG，除非你思考 BROWN；无论你怎么努力，你都做不到。[2] 那么，获取 DOG 时获取 CAT（这看起来是概率性的），与获取 BROWN DOG 时获取 BROWN（这看起来不是概率性的），这两者之间有什么区别呢？如果你的架构假设不仅假设联结，而且假设构成，都是作为表征的一个参数，那么答案是显而易见的：获取这些随之得到的东西联结了一个观念在该联结强度的比例中；但是（除了故障）它总是得到它们的构成成分。这一切的意义在于，计算的局部性在认知理论中作了一些重要的解释工作。它解释了为什么你能够在不思考 CAT 的情况下思考 BROWN DOG，但是你不思考 BROWN 和 DOG，你就无法思考 BROWN DOG。一般地说，它解释

112

---

[1] 据我所知，这是本周所有的可能性。但请随时补充我可能无意中遗漏的其他内容。

[2] 同样，至少原则上，你能够获得概念 DOG，而并不拥有概念 CAT；但是，甚至在原则上，你不能够获得概念 BROWN DOG，除非你已经获得了概念 BROWN。然而联结无论多么强大，都不会个体化拥有它们的那些概念。

了为什么一个心理操作总是能够"看到"它所应用的那些表征的构成成分，尽管它不能总是看到它们的联结。简而言之，在一些情况下，计算的局部性是我们不能没有的东西。

另一方面，我有理由相信，计算过程的局部性也具有一些非常令人不愉快的后果，因为明显的是，心灵所执行的某些计算不是局部的；这也就是说，它们不是 CTM 认可意义上的计算。就像没有免费午餐一样，也没有完全纯粹的祝福。

我认为，这个主要关键点非常简单明了：计算过程（根据定义）是句法的，因此是局部的。CTM 认为，心理过程本身就是计算。但事实上，貌似合理的是，至少在认知中发生的一些事情依赖于该心灵对心理表征之间非局部关系的敏感性。这样，貌似合理的是，至少一些心理过程不是计算。因此，CTM 在一般情况下不为真，这也是貌似合理的。

如果这个论证思路有问题，那必定是这样的说法：许多认知依赖于心理过程对心理表征非局部属性的敏感性；RTM 是被假定的，其余的只是逻辑。① 所以，这种论证是为了什么呢？嗯，典型的认知过程（感知、学习、思考②）是信念的非阐述性匹配类型。由于这些过程的运作，一个人获得了以前没有的信念（或者他放弃了他之前承诺的信念）；而且，通常情况下，通过这种方式获得（或消除）的信念在逻辑上独立于他先前的认知承诺。简而言之，经验信念的心理学匹配与经验假说的科学确证非常类似（个体心理学 = 小写的科学）。例如，我设想，知觉信念的匹配是由感觉信息的（子信

---

① 斯纳克：[在本章中，他仅限于这些脚注；没有他，我这篇文章已经够麻烦的了。] 对 RTM 来说，更糟的情况就这么多了。

　　作者：这说得倒挺容易的，但还有别的选择吗？RTM 真地是唯一的城中游戏。甚至联结主义学家也这么认为，尽管他们并不经常"承认这一点"。请注意，甚至那些联结也会标记其节点，并且这些节点被用来具有语义属性，就如同具有因果属性一样。（联结主义的深层麻烦不是它没有心理表征也行，而是它没有具有构成结构的心理表征也行。我以前已经彻底说过这事儿。我可以再说一遍。）

② 但或许不是记忆，除非你坚持认为：记住（remembering）是一个彻底的重构过程。

念的）注册所激发的，从中可以（在子信念上、非阐述性地）推断出关于终端感知的信念；大致上，这个推理是从感觉状态进行到其终端原因。由于一个终端对象和它引起一个感知者所拥有的那些感觉之间的关系在两个方向上都是偶然的，协调知觉信念匹配的这些推理(通常，也许总是)也是偶然的。

接下来，我打算依赖于有关认知的心理学和有关确证的认识论之间的类比。这应该是两者的共同点，但事实并非如此。举个例子："假设几千年的西方科学已经给予我们一些不明显的事实，其中包括观念之间的来回关联；为什么有关单个人的心灵理论应该保持相同的标准呢？"（平克，2005）。当然，答案是，尽管科学是一种社会现象，但科学推理只存在于一个个科学家的头脑中；而且，据大家所知，科学家们的主要推理也是与其他人所用的方式相同。（杜威在这方面做得很好；他认为科学思维与工艺技术的精细化是相辅相成的。见2002。）如果你不这么认为，你就需要解释更多，因为你需要解释一种思维是如何从另一种思维中产生的；它们之间被假设的差异越大，解释就需要说明得越多。也许平克（或其他人）有一天会至少提供这样一个理论的轮廓；但是我不以为然，我也不建议你坚持你的观点（有关个体认知与科学理论的预测和评估之间的类比关系，其最新讨论参见墨菲，2006）。

认知展现出非阐述性推理的典型属性，这种论断特别强调当前语境。原因是，这一章的重点在于：一些认知过程不是局部的，因此它们不能是CTM所认可"计算"的专有意义上的计算；而且，就目前的情况来看，认知科学对如何应对这些问题也没有丝毫头绪。这种观点很古怪，所以我想为接受它作一个论证。好吧，我同意：因为认知是一种非阐述性推理（如上所述），我们有充分的理由期待它展现出这种推理的典型属性。由于非局部性很明显是在其中，我们有充分的理由期待认知过程往往不是局部的。

我认为，存在有关非阐述性经验推理的两个普遍特征，其有力地表明：在一般情况下，它不是局部的；[1] 因此，在一般情况下，归纳推理的赋值就

① 这里要说明的是，我并没有断言，非阐述性推理的过程绝不是局部的。相反，有关局部推理认知过程的设计理论和确证理论正是认知科学被证明成功的地方。

115 不是一个计算过程。我们现在一个一个地审视它们。

4.4 相关性

典型的非阐述性推理是各向同性的（isotropic）（我继续使用我以前使用过的术语，福多，2000）。也就是说，原则上，一个人的任何认知承诺（当然包括可用的经验数据）都与任何新信念的确证（否证）相关。[①] 特别是，不存在任何方式来先验地决定什么东西最终是与接受或拒绝一个经验假说可能密切相关。[②] 正是一个科学确证（如归纳逻辑）理论和实证论者用来称为"科学发现理论"之间的区别之一，使得前者只是想当然地认为：被评估的假说和这种评估相关的数据都是先于确证层次的计算而被具体化的。然后，就留给发现理论来解释：这种数据的相关性如何被评估（以及就此而言，那些备选假说来源于哪里）。

同样，我们也可以通过将评估确证层次问题与决定什么与什么相关的问题分离开来来划分问题，因为，事实证明，如果诸多种普遍性被需要的话，那么认知如何估计相关性这个问题就是很难回答的了。原则上，以前的认知承诺总是有一个无限库存，任何一种承诺都可以用来估计任何新信念的确证层次（见原著第110页注释18/ 本书第97页注释3 ——译者注），而且只有其中一些相对较小的有限子集能被真实地表达在"真实的时刻"；生命是短暂的，但信念匹配更短暂。当一个人考虑下一步该相信什么，或者作必要的修改后，下一步该做什么时，某种东西必须以某种方式"渗透"什么确实使
116 得思维是关于它的。

因此，人工智能中声名狼藉的"框架问题"：当一个人正在（不）确证

---

① 事实上，一个人的认知承诺的任何后果原则上都相关于对任何新信念的确（否）证；出于这些目的，他的认知承诺在可靠的后果关系（当然包括蕴涵）下被视为是封闭的。

② 我认为，这正是对概念个体化"标准"解释所想要否认的东西。然而，我将使读者避免重复那些反对标准解释的论证。不念过往，随风飘散。

为经验准备好了的一个假说时，他如何决定什么是相关的（以及什么是不相关的）？由于非阐述性信念匹配是各向同性的，相关性的任何实质性标准都有消除事实上密切相关的风险；也就是说，倘若它被注意到，就会影响该信念被估计的主观概率。在评价归纳推理时，这种风险是不能完全被避免的；这就部分使得归纳推理是非阐述性的。但是，在其他条件相同的情况下，一个人想要他的推理来降低这个风险。有一些间接证据表明，我们在这方面做得很好；说明我们并非没有能力。那么，我们要这样做吗？①

当我们试图使用本质固有的局部操作（CTM 理解的计算）来计算本质上非局部关系（即归纳相关性）时，就会产生框架问题。至少我是这么认为的，或者说，我更倾向于这样假设。但我不建议现在就讨论框架问题本身。只要对文献中经常出现的一种非解决方案予以评价就够了；我之所以提到它，是因为它是认知科学家最典型的方式之一，他们没有意识到相关性的各向同性对一个认知心灵理论所提出的问题有多严重。他们也没有意识到多年来认知科学已经做得有多好了。

这个思想是，框架问题可能（与其说是解决了，不如说是）通过诉诸启发式程序来被规避。当然，这个建议本身是完全空洞的，因为一个启发式程序观念是完全被否定定义的；一个启发式只是并不总是有效的一个程序；如果一个问题有一个计算的解决方案，那么事实上它会有很多你喜欢的启发式解决方案。因此，是否有兴趣提出框架问题的启发式解决方案依赖于提供启发式的具体化因素（specifics）。据我所知，启发式程序，几乎总是被提议用于处理在决定采取何种行动（/ 采取何种信念）时，通常会提出一种启发式方法来应对相关性问题，这是"睡眠狗"策略的某种版本：如果上次一切顺

117

---

① 事实上，这一提法低估了相关性的各向同性所带来问题的复杂性：相关性标准本身对认知承诺中的变化很敏感。如果我开始相信 As 是（或可能是）Bs，那么关于 Bs 的信念在某种程度上就与评价某物是 A 这个假说密切相关。如果一个人的认知承诺构成一个信念场，那么这个场中的那些接近关系（proximity relations）就会不断变化。稍后有更多相关讨论。

利，这次也一样。我不知道有多少认知科学家认为"睡眠狗"策略能够解决相关性给 CTM 带来的问题，尤其是框架问题，但我怀疑它们的数量是庞大的。我提供了一些我认为完全具有代表性的引用（大致按不透明程度递增的顺序）。

彼得·卡罗瑟斯："[在启发式中]选择能够由高阶启发式方法来完成，例如'使用上次起作用的那一种'"（2001:30）。

埃里克·洛尔曼德："默认情况下一个系统应该假设：一个事实仍然是，除非存在一个公理指明它被一个发生的事件所改变了……给定一个事件 E 出现在情形 S 中，该系统能够使用公理来推出存在于 S+1 中的新事实，然后简单地将其关于 S 的其余信息'复制'到'S'（埃里克·洛尔芒德、皮利辛，1987:66）。这就是说：'上次出现这种情况时，我踮着脚尖走过熟睡的狗，但我没有被咬。所以，如果我现在再踮起脚尖靠近那条熟睡的狗，这次我可能也不会被狗咬了'。"

亨利·凯伯格（皮利辛，2003:51）[问题是，当我想要拿起一杯啤酒时，当我决定用哪种方式移动我的手时，是否应该考虑木星目前的位置。]："担心我的手相对于啤酒杯的位置和担心我的手相对于木星的位置有什么区别？据我们所知，前者对我们喝啤酒的计划有直接的影响，而就我们所知 [原文如此]，后者则没有。"但凯伯格并没有说我们是怎么做到找出我们所知道的"对我们的计划有直接影响"的部分。由于这是框架问题，他的建议似乎没有取得多大进展。

事实上，框架问题之熟睡狗解决方案的特点是，它们回避了它们被设定来回答的那个问题；它们都预先假定了评估相关性的一个（可行）程序的可用性，而这正是我们没有得到的。凯伯格认为，他只知道一个人的手的位置会直接影响他想要端一杯啤酒的计划，而木星的位置则不会。还有什么比这更合理的呢？还有什么能是很少有疑问的呢？除了框架问题正是：一个人不需要回忆和搜索他关于木星的信念，那如何知道他关于木星的信念都是密切相关的？在这种情况下当我决定移动我的手时，我不会自动地担心木星在哪

118

里，而是自动地担心我的手在哪里，这没什么好说的。"你怎么去卡内基音乐厅的?""没问题;自动就去了"。①

　　使这种对话情形很难以被识别的是，这种相关性问题经常被那些个体化情形的某个原则想当然地回避了;它本身就预设了一个完全无法解释的相关性观念。因此这样，卡罗瑟斯提出，经验就是:**使用**上次出现这种（类似）情况时有效的启发式方法。② 在表面上看这是个好主意;但它要求我们知道如何决定两个情形标记何时都是相同情形类型的实例;而且，由于这本身就是一个相关性问题，因此总体上似乎不存在衡量尺度。当我再次做以前做过的同样的事情时，我要做什么，这取决于我要用什么来作为以前所处同样情形的一个递归，无论是一般情况还是现在眼前的情况。但反过来，这又取决于我认为什么是对我以前情形的相关描述;对我所采取行动的类型描述解释了我的行动的成功。因此，由于缺乏相关相同性的说明，"上次成功了，所以再做一遍同样的事情"这种建议是空洞的。你不妨说:"好吧，你上次做的是:你越过了那条正在睡觉的狗。所以这次再来一次，并且一切都会好的"。③"低买高卖"，我的股票经纪人总是这样建议。这确实给予太多的帮

① 当然，在某种意义上，凯伯格坚持启发式选择必须是"自动的"，这是完全正确的;否则就有可能出现循环威胁。如果决定哪个启发式来激活的问题本身要由一个计算过程所解决的，那么问题就出现了，一个人如何决定哪个启发式与执行这个计算相关。以此类推。麻烦在于，这并没有说明框架问题如何被解决，只是说明它是如何未被解决。AI 中的实践是，假设这种倒退在"认知架构"中（而不是计算上的）被阻止。就目前而言，这也很好;但它留下了未被触及"需要什么样的架构来处理这种阻止?"这样的问题。这就是说，它也重述了框架问题，而没有解决之。

② 卡罗瑟斯还建议，启发式方法"[能够] 由特定的主题来自动提示";但他没有说"主题"是如何被个体化的，这貌似合理，它本身就是关于相关性的一个问题。一个人如何决定（即什么是相关于决定）关于越过那只熟睡狗的问题属于哪个"主题"? 这个主题问题是"越过一只熟睡的狗"还是"越过这只熟睡的狗"或"越过农夫琼斯的一只熟睡的狗"等?

③ 我们必须重复前面脚注的关键所在:不必假设一个成功行为的那个自主体，它通常知道正是关于什么使得它成功。（这招奏效了，但如果我知道原因，那就太糟糕了。）如果他不这样做，"再做同样的事情"这种建议就不是他的问题的一个解决方案;这只是表达他的问题是什么的一种方式。

助了。

"做你上次做的事吧。"但我上次做过什么了？是不是我蹑手蹑脚地走过一只熟睡的狗？还是我蹑手蹑脚地走过一只熟睡的棕色狗？还是我蹑手蹑脚地走过农夫琼斯的一只睡着的犬科宠物？或者我蹑手蹑脚地走过农夫琼斯的这只睡着的犬科宠物？或者我蹑手蹑脚地走过农夫琼斯为了让我安全地走过而特意安抚使之熟睡的一个生物？很好的是，我认为的所有这些描述，对于上次真实发生的事情来说，都为真。所以，我面临的问题是：这些描述中的哪一个相关于决定这次我应该做什么？我似乎又回到了我的起点：我想弄清楚我以前行动的成功显示出什么路径，我现在应该遵循之。①② 为了做到这

120 一点，我需要的是弄清楚我过去经验的哪种描述与我以前行动的成功相关。但是相关性是一种非局部关系，并且根据假设，目前我只能拥有局部的操作。所以现在怎么办？

真正令人吃惊的是，那些资深哲学家经常犯这种错误。这样，劳丹担心什么考虑因素可能证明科学方法的理性选择是正确的。他认为（相当合理），对理性直觉的哲学分析和对过去"科学精英"的方法的历史分析都不可能做到这一点。相反，他建议对那些曾经可靠地导致科学进步的实践采用一种归纳。"如果某种特定的行为，m，在过去已经总是提升认知结果 e，而竞争行为 n，却无法这样做，那么［适当的警告］假设……'如果你的目标是 e，

---

① 康德说（类似于）："采取行动，以便你能理性地希望其他人同样这么行动"。但是，众所周知，这种建议是无用的，除非一个人知道什么算作同样的行动。每个人都赞同恐怖主义是错的。麻烦却在于，在一个人眼中的恐怖分子是另一个人眼中的自由战士。

② 就我所认为框架问题的一个空洞解决方案的另外一个例子来说，丹尼尔·斯珀比最近发表了一篇论文，他致力于捍卫这样的论题：认知过程是大模块化的，且反对这样一种指控，即它使信念匹配对信念系统的非局部属性（简单性、连贯性等）的敏感性变得神秘。斯珀比认为，这样的考虑能够在无须违背这些装置的计算特征情况下以多种方式被接纳。突出性是一个明显可能的因素（2002）。但是，"突出性"和"相关性"一样模糊，无论在方式上还是在原由上。斯珀比是完全正确的：我们所需要来使得大模块性貌似合理的是一种局部的方式，来确保与当前问题相关的信念系统的那些整体属性将会是心理学上突出的，当一个人正在试图解决这个问题的时候。同样地，要解决永动问题，我们只需要有人发明一个完美的无摩擦轴承。

你应该做 m'这个规则，与基于规则'如果你的目标是 e，你应该做 n'的
行动相比，更有可能提升这些结果。"问题是，由于缺乏一个"与 m 相同类
型的行动"这样的独立概念，这个建议完全是空洞的。总的来说，我们不知
道正是关于我们所做科学工作的什么使得我们所从事的科学发展如此良好。
这确实是：关于科学方法论的论证典型地就是其所关于的那些论证。

我似乎一直在谈论这个问题。那是因为，我觉得这很了不起，并且不觉
得那么令人沮丧，提供作为框架问题的一个解决方案多么有规律，这证明也
只是它的表述而已。阅读文献的经验是：如果某人认为他已经解决了框架问
题，那么他并不理解它；如果某人认为他确实理解了框架问题，那么他还没
解决它；如果某人认为他不理解框架问题，那么他是对的。但是似乎很明显，121
无论框架问题的解决方案是什么（如果它只是一个问题；并且如果它有一个
解决方案），它都不会是计算上局部的。通常你不能从一个思想的局部（例
如组合的结构）结构中分辨出什么是与其（否）确证相关。显然，你不得不
考虑很多其他的东西；框架问题是你如何分辨你不得不考虑哪些其他东西。
我真希望我知道。

4.5 整体性

框架问题涉及在信念匹配过程中不得不被搜索的认知承诺场的大小。但
也有这样的情况：这个场的形成状况才是问题所在。一个人先验信念系统的
许多参数与新信念的选择密切相关，并且它们是（我在其他地方称之为）"整
体"的；也就是说，它们或多或少地被定义在背景信念的整个系统之上，因
此对这些参数敏感的计算在表面上是非局部的。

假设我有一套信念，我正在考虑以（例如）经验压力下的某种方式或其
他方式来发生变化。显然，我希望我所选定的这种变化是适应那种稳定数据
的可行方式中最简单的一种。整体性问题是，通过总结属于一个信念系统的
每个信念的内在简单性（simplicities），我不能评估该信念系统的整体简单

性。事实上，不存在任何诸如一个信念的"内在"简单性（就像不存在任何诸如一个数据的内在相关性一样）的东西。关于一个表征，没有任何局部的东西——特别是没有任何关于表征与其构成部分之间形式关系（formal relation）的东西——决定：倘若我支持它，我会在多大程度上使我当前的认知承诺复杂化（或简单化）。①

请注意，与相关性问题不同的是，这种对局部性的担忧即使对于非常小的信念系统也适用。它甚至也适用于点状的信念系统（如果确实存在这样的东西）。假设我唯一的信念是 P，但我现在正在考虑也认可 Q 的信念或 R 的信念。因此，如果我要最大限度地提高整体的简单性，那么我想评价的是：P&Q 是否比 P&R 更简单。但我不能通过分别考虑 P、Q 和 R 来做到这一点；P&Q 的复杂性并不是 P 的简单性和 Q 的简单性的一个函项。因此，我计算 P&Q 的简单性的操作不能是局部的。

同样，适当修改后，对于信念系统的其他参数，一个人想要平等地将其最大化；例如，这种承诺的相对保守主义。没有人想改变他的想法，除非他不得不改变；如果他不得不改变，他就更愿意选择那种最低限度的改变。问题还在于，保守主义是信念系统的一个整体属性。从表面上看，通过分别考虑 P 和 C，你无法估计添加 P 会在多大程度上改变一组承诺 C；从表面上看，保守主义不是他们各自持有的信念的一个属性。

总之，控制信念非阐述性匹配的许多原则不得不对认知承诺整个系统的参数敏感。因此，这些原则的计算应用不得不是非局部的。所以，它们不能是 CTM 意义上的计算。如果你假定（正如我所倾向于的）非阐述性推理总是对最佳可用解释的一种论证，那么目前的考虑将被认为是非常广泛的应用。例如，什么是最好的可用解释，这取决于什么可供选择的解释是可用的；根据定义，对于一个假说而言，其可供选择解释的出现或缺失，都不是该假说的一个局部属性。可能存在启发式计算程序，它们会使得这种问题消

---

① 人们不应该对此感到惊讶；有很多先例。例如，P 和 Q 的真（大致上）是 P 的真和 Q 的真的一个函项；但是，P&Q 的一致性不是 P 的一致性和 Q 的一致性的一个函项。

失。但是，据我所知，迄今为止还没有提出（甚至相去甚远的）貌似合理的任何例子。

不过，我应该多加一个警告。假设你想要测量（简单性，也许是这样）的东西是复杂信念的一个属性，而不是这些复杂概念的部分的一个属性；例如，假设你想要评估 P&Q 相较于 P&R 的相对简单性。我的观点是，从表面上看，你不得不执行的那些计算就不是局部的；它们必须对 P&Q 本身所拥有的属性敏感。然而，一个人能够通过蛮力使这些计算是局部的。诚然，"P&Q"这个表征的复杂性不是由"P"的局部属性和"Q"的局部属性所决定的，但或许它是由"P&Q"这个表征的局部属性所决定的。也许，你确实总是能够通过改变计算单元的大小来保持这些计算的局部性。华盛顿和德克萨斯之间的距离是这些州的一个非局部属性；但它是北半球的一个局部属性。

然而，将整体性问题粗暴地还原为局部性问题，这是一种欺骗，因为它没有提供任何线索来解决整体问题还原到局部问题。你可能会假定，事实上，这是一种没有任何敏感于此的人会考虑的欺骗。恰恰相反，关于确证的最近讨论（例如从迪昂开始）越来越强调非阐述性推理的整体主义，通过声称：在有限的情况下，整个的理论都是评价这种推理的适当单元（同样，整个的语言都是翻译和／或意义的单元）。这拯救了那些被许可获得的计算之局部性；但代价是使它们变得难以应对。更重要的是：即使我们能够以某种方式，将整个的理论都作为那些涉及归纳确证的计算中的单元，但明显的事实是我们不能这样。如果我们真地没有逐一改变我们的认知承诺，那么我们在评估理论时的选择就是"要么接受要么放弃"，这明显为假。初步看来，也存在匹配这种情况的选择。①

---

① 务实的认知科学家可能会觉得，对相关性问题的担忧只是哲学家的神经质。然而，事实上，这样的问题无处不在。举个例子，考虑一下上面提到的记忆文件观念，它在解释认知结构方面貌似很有用。这种文件观念的起源无疑是非哲学的，因此可能值得注意的是，假定文件几乎确实会违反计算的局部性。除非你能弄清楚那文件里面有啥，否则有文件

总之：显然，我们评价非阐述性推理的过程，以达到简单、连贯、保守等，既对我们的认知承诺的整体属性敏感，又易于处理。认知心理学想理解的，但现在不理解的，都是究竟如何能如此这般。我认为关键是，我们现在可用的认知心理学很可能存在一些严重的问题；如同不能承认递归的一种认知心理学存在一些问题一样；如同不能承认心理表征的构成性和组合性的一种认知心理学存在一些问题一样；实际上，导致这一可怕结论的论证能够被非常简洁地陈述：根据规定，计算是敏感于表征句法的一个过程，并且对其他任何东西都不敏感。但是，存在一些信念参数（因此，RTM 被假定，有关表达它们的心理表征），它们决定了在非阐述性推理中它们的作用，但从表面上看，它们不是句法的：相关性、保守性、简单性是极其貌似合理的例子。因此，学习、感知、信念匹配和类似的东西，都不是非阐述性推理的过程（但它们究竟还能是什么呢？）或者它们不是计算。结果是，一个心理过

125 程貌似合理地是非局部的，这样认为的程度越深，我们理解它就越少。几十年来传统认知科学一直在努力摆脱这一困境，但我认为，这没有丝毫成功的迹象。迟早我们将不得不面对我们所处的这种困境。现在可能是个好时机。

那么，要做什么？

实际上，我也不知道。一种可能性是，继续尝试一种非空洞的启发式解释，来说明相关性和整体性等如何在计算上近似。我还没有听说过任何这样非空洞的提法，但完全有可能在某处存在着。或者明天，或者后天。人生永远充满希望，但也会伴随声名远扬。或者，我们的认知心理学所需要的可能

也是没用的。

但是，确定一个备忘录可能处于哪个文件中，这本身就是你期望对整体性、相关性等敏感的那种问题。这个备忘录可能处于哪个文件中，这取决于柜子里包含哪些文件；当然，这不是任何文件的一个局部属性。同样，你也不想为了找到这个备忘录而搜索柜子里的所有文件；最多你只想搜索那些相关的文件。顺便说一句，备忘录被挪来挪去，这是一个令人感到复杂的因素（如果你觉得需要另一个因素的话）。如果你开始相信拿破仑是一个保加利亚人，你可以很好地把他的数据从那个 FRANCE 文件成功挪到那个 BULGARIA 文件。或者不这样做。我假定，你是否这样做过，这取决于你是否认为你对拿破仑出生地的了解，与你可能知道的关于他的其他事情相关。

是一个崭新的计算观念；一个没有局部性内置其中的计算观念。当然，这样说要比提供出来容易得多。图灵对心理过程的一种非联结描述的提法，无疑是迄今为止认知科学中已经发生的最重要的事情了；可以说，其余的都只是一个脚注。摒弃或认真修改，这一提法将是最重要的一项科学成就；认知的联结主义模型未能做到这一点，就清楚地证明了这可能有多么困难。

思维、感知及其类似物都是计算的，这种理论是将我们对心理表征的描述与对心理过程的描述关联起来的理论；它为我们做了联结规律对经验主义者承诺（但无法）做的事情。然而，在写这些的过程中，我们没有关于非局部计算的任何描述；并且我们有充分的理由认为，存在心理过程的一些基本方面，它们是计算的一种局部描述所无法捕捉到的。既然如此，也许我们现在所能做的最好的事情，就是试图理解基于局部计算观念的心理解释之本质固有的局限。从长远来看，这可能会导致修改 CTM，也许还会导致被一些超越其局限性的理论所取代。这是一个值得虔诚祈愿的完美结局。在任何情况下，就目前而言，没有心理过程理论，心灵表征理论就是无用的；并且心灵计算理论(如图灵教我们的那样解读"计算"）很可能不为真。柏拉图说"努力就好"；柏拉图是对的。①

126

---

① 多年前，格式塔场理论被提出来作为对心理过程的一种描述，这种心理过程描述既是非局部的，也（不像联结主义的）是非联结的。我不是专家，但我的印象是，这也是一种欺骗。心理过程的整体性是从其（被假定的）神经实现的整体性中推出的，根据格式塔心理学家所说的"同构性原则"，即"意识"的属性与其神经实现过程是同构的。因此卡夫卡说（1935：109）："我们能够……选择在简单条件下出现的心理组织，并且能够预测它们必须具有规律性、对称性、简单性。这个结论是基于同构原则……根据之，生理过程的特征方面也是相应意识过程的特征方面。"
然而，同构性原则并不是心理解释的功能主义者能够接受的（顺便说一句，没有任何理由来假设这为真）。

PART II

心 灵

5

天赋论

5.1 引 言

哲学共同体对 *LOT*1 保持着不同程度的冷漠。一些人认为，维特根斯坦（或赖尔或某人）已经表明了为什么不能有 *LOT*1 曾推崇的那种心理主义。（对即将出现的后退论证所进行的深度预测。）其他人则认为，假设一种思维语言是无害的，因为由此得到的是，信念及其类似物是表征状态，这确实是老生常谈；而由这得到的是，信念及其类似物是关于东西（things）的，这也是老生常谈。工具论者说，在关于心理的东西方面，*LOT*1 曾是朴素实在论的。极少数人认为，可能有一些需要解决的问题，但是当然还需要进一步的研究。

但是，有关 *LOT*1 第 2 章曾达成了惊人的共识，即论证（约第 80 页）初始（即未定义的）概念必须本身是未被习得的；并且由于绝大多数日常概念（quotidian concepts）（TREE、CHAIR、CARBURETOR、HORSE、UM-BRELLA，等等）都是初始的，由此得出的是，绝大多数日常概念必须是未被习得的。根据这个共识，这个结论是彻头彻尾的胡说八道（loopy）；而且在注意到这种假定存在的胡说八道时，相当多的批评者仅仅只是选择忽略了这个论证。显然，他们的想法是，如果你非常不喜欢某个论证的结论，则可以忽略这个论证。（我记得被某个计算机科学家告知过，他"不能够允许"

像 HORSE 这样的概念是天生的；因而它们可能的确不是。）更合理地来说，

一些批评者指出，因为日常概念大多数是初始的，这一前提是经验性的，所以大多数概念是未被习得的，这一结论就不是清楚明白的(或者，无论如何，这个结论不是先验的)。这样说肯定是对的；尽管从"经验性"和"并不清楚明白"到"可能不真"的隐含推论曾使我心存疑惑，且至今仍然如此。

无论如何，在我看来，*LOT*1 中的论证表面上是合理的。因此，除非有一些令人信服的反驳，否则不妨反思一下，天赋论者和经验论者之间的传统争论暗示了什么 (以及没有暗示什么)。随后我多次重新讨论了这些问题 (参见福多 1981:ch.10,1998:chs.6,7)。本章中研究的部分主题是总结、加强和扩展这些讨论的各个方面。但我也必须承认，我已经同意我的批评者的这些观点，即 *LOT*1 曾提出的论证是有问题的；也就是说，它的结论太弱了，而且那个有所冒犯的经验假设 (即日常概念大多数是初始的) 是多余的。我本应该说的是，概念习得这整个观念本身是被混淆的，这是真的并且是先验的。就此打住。

因此，现在的议程是这样的：首先，我将简要回顾 *LOT*1 的论证，并按照其所论述的思路进行修改。接着，我将考虑它所展现的有关天赋论地位的情况。预期：我认为，它的确表明了关于概念能被习得的论题存在明显不一致的地方。但是，并不能完全得出：任何概念都是先天的，理由有二：第一，"习得的"和"先天的"并没有穷尽所有选择；只有上帝知道一个生物的遗传天赋会通过多少种方式与它的经验相互作用，进而来影响该生物所能支配的概念清单，但确实存在很多这样的方式。第二，正如第 6 章将要论述的是，心理内容不需要是概念的；并且貌似合理的是，这尤其适用于先天的心理内容。当然，要形成这些关键点需要一点点地抽丝剥茧。但也存在实质性

的问题；因此，至少，我将尽力说服你。

5.2　根据 *LOT*1 所得的原则（附修订）

存在一些我认为可以当作共同基础的原则；它们并没有产生严重的争议：

（CG1）如同我们心灵一样的那些心灵，始于一个先天的概念库存清单，其中的概念数量不止有一个，但也不会无限多。

如果你将要运用一种信念／愿望心理学，那么在你的本体论上你必须拥有信念；如果在你的本体论上你将要拥有信念，那么你也将拥有概念，因为后者是前者的构成成分。但并不是所有的概念都能被习得；有一些概念必须是在开始协调获得其他概念时就存在。即使是顽固的经验论者（如休谟）也坚持认为，感觉概念是先天的。[①] 白板什么也学不到；同样，"无中不能生有"也是不言而喻的。

但是，也存在某些方面，在其中（CG1）完全是实质性的。例如，对于"在一开始（at the start）"意思是什么，这就需要作一些说明。在构念时？在出生时？在一个人 35 岁生日之前？在一个人的神经元髓鞘化后的某个时刻？在一个人获得母语之前？在何种程度上（如果有的话）一个人对普遍认为的起始概念的把握可以被分析为仅仅只是倾向的？不过，似乎可能的是，（CG1）的某个版本或其他版本为真。我提出我们就这样假定。

（CG2）（也相对无偏见的）存在各种各样的心灵／世界交互，它们能够改变一个概念库（repertoire）。概念习得（如果存在这样事情的话）是其中之一，但肯定不是唯一的。

可以想到的其他候选者包括：感觉经验、运动反馈、饮食、用法说明、第一语言获得，被砖块砸中头，患上老年痴呆，进入青春期，搬到加利福尼亚，学习物理学，学习梵文，等等。由于实际上没有人知道什么样的"外生" ^132

[①] "先天的"不同于"非习得的（unlearned）"，因为休谟没有考虑到存在各种各样非习得性的可能。严格地说，他的论证给予他的只是初始概念的非习得性（见原著第 132 页注释 2／见本书第 118 页注释 ①——译者注）。

变量（exogenous variables）可以影响一个生物的概念化能力，因此属于这个清单中的东西就都是一种广泛讨论的经验问题。为了术语上的方便，我们把添加到一个概念库的任何一个过程称为概念获得。我们的问题是这样的："有关概念获得的那种概念学习类型与其他类型有什么区别？"①

（CG3）我认为，在认知科学文献中，使得一种概念获得成为一种概念学习，对此存在一个相当普遍的共识。大致来说，概念学习是归纳推理的一个过程；尤其是，这是关于该概念运用其上具有共同之处的假说得以展示和确证的一个过程。（以下，我将其称为概念学习的"HF"模型。）尽管这种共识相当普遍，但往往并非含糊不清。存在很多接受 HF 的理论学者，他们完全没有意识到他们所接受的正是 HF。我想这确实是通常的情况。因此需要一些说明。

多年以来，概念学习是一种归纳推理，有这样想法的许多认知科学家已经使我确信：他们并不认为概念学习是一种归纳推理。（当我写这些的时候，我刚从一个大型认知科学会议上回来，在那里几乎每个人都认为概念学习是一种归纳推理，并且几乎每个人都否认他们就是这么认为的。我的情绪很糟糕。）我认为这种不愉快的状况是由于人们普遍没有认识到，如果概念获得是一个学习过程，那么（假设 RTM）它就要求在该概念运用条件下的那种心理表征（例如在这当中："GREEN 所运用其上的正是那些绿色的东西"②）。这里有一点点问答情况可以强化这一点。（摘录自尚未被发现的柏拉图式对话。）

---

① 传统朴素论者和经验论者的许多争论被架构为：（很多 / 大部分 / 全部）概念是先天的（如果你是一个天赋论者）和所有概念都是习得的（如果你是一个经验论者），这两个论题之间的争论。然而，从任何合理的角度来看，这些选择都太少了，因为不能想当然地认为学习是一个概念可能被获得的唯一途径。我将概念获得用于最终一个概念得到的任何过程。我将概念学习用于一种概念获得（见下文）。我把"先天的"理解为"未被获得"。当然，这不是一种理论，只是一种谈论方式。或许提供先天性的一种实质性描述（例如，一个遗传或"进化发育生物学"的描述）将是打破这个圈子的方式。如果你听说我没有提供这样的描述，你不会感到惊讶。

② 请注意 GREEN 概念被使用（不仅仅被提及）在"正是那些绿色的东西……"中。

问：你认为，两个概念能够是意向上不同却是共外延的吗？

答：是的，苏格拉底。

问：某人可能会学习其中一个概念而无须学习另一个概念，是这样吗？

答：是的，苏格拉底。

问：这两个相关概念都是可以从它们的实例中被习得的，是这样吗？

答：是的，苏格拉底。

问：很好。现在考虑一下，共外延但截然不同的概念 C 和 C*。因为这些概念是共外延的，所以有关 C 的一个实例的任何东西在有关 C* 的一个实例那里都是同样的。你不同意这样的说法吗？

答：是的，苏格拉底。

问：反之亦然？

答：是的，苏格拉底。

问：现在告诉我：如果是 C 的任何东西都是 C*，反之亦然，那么什么决定了一个人从经验中学到的是 C 还是 C*？

答：是的，苏格拉底。

问：那是什么？

答：我的意思是：我假定这是一个人如何在心理上表征这些经验的问题；不管他是将它们表征为 C 经验还是 C* 经验。

问：如果一个人将它们表征为 C 经验，那么他所学会的那个概念就是 C？

答：是的，苏格拉底。 134

问：如果一个人将它们表征为 C* 经验，那么他所学会的那个概念就是 C*？

答：是的，苏格拉底。

问：因此，学习 C 和学习 C* 的区别取决于此：在一种情况下，这个学习者把他的经验表征为有关 Cs 的经验。

答：是的，苏格拉底。

问：（还没完，笨蛋！）在另一种情况下，这个学习者把他的经验表征为有关 C*s 的经验？[1]

答：是的，苏格拉底。我现在可以回家了吗？

问：目前可以。但首先告诉我：为什么把他们所遇到东西表征为 Cs 的这些学习者学会概念 C，而把其所遇到东西表征为 C*s 的这些学习者学会概念 C* 呢？

答：嗯？

问：我的意思是，难道不应该是像这样的：鉴于他们各自的经验，一个学习者开始自己思考"所有这些都是 Cs"，但另一个学习者开始思考"所有这些都是 C*s"？

答：是的，苏格拉底。

问：而且通过一个非常棒的过程，一个人从把某些东西表征为 Cs 推出把所有这样的东西都表征为 Cs，这样的过程难道不是归纳推理吗？

答：是的，苏格拉底。

问：你能想到任何其他心理过程吗？即通过这样的心理过程，一个人可能从把某些东西表征为 Cs 推出把所有这样的东西都表征为 Cs？

答：当下不是这样，苏格拉底。

问：归纳推理的本质不是假说的形成和确证。

答：是的，苏格拉底；的确如此，苏格拉底；一定是这样的，苏格拉底。

---

[1] 苏格拉底没有提出这样一个问题：一个没有概念 C 的人怎么能把他的经验表征为 C 经验。这个问题将以这样或那样的形式在本章其余部分反复出现。

问：因此，从两个不同但共外延的概念中，学习其中一个而 135

不是另一个，这可能表明概念学习的确是某种假说的形成/确证，

事实不是这样吗？

答：我认为别无选择，苏格拉底。

问：很好。走开。

答：好的，苏格拉底。

一言以蔽之：

第一，区分共外延概念的这个学习过程要求以不同方式表征相同的经验。（这是假设 RTM 对概念学习为真的一个结果；也就是说，该经验会影响概念学习，仅仅只是当它在心理上被表征的时候。）[1] 如果一个经验能够以许多不同方式影响概念学习，那么一定存在该心灵能表征这些经验的许多不同方式。

第二，从其中一个概念被习得的那个经验必须提供有关该概念运用到其上的（归纳）证据。也许从有关牛的经验中 COW 被习得？如果是这样，那么有关牛的经验必须以某种方式证明 COW 运用其上的正是这些牛。概念学习和认知观念（如证据）之间的这种内在关联，是这样一种强直觉的来源：即概念学习是某种理性过程。这与各种概念获得形成鲜明对比，例如，在其中一个概念通过手术植入被获得；或通过吞服药片被获得；或通过把头撞向坚硬的表面而被获得；等等。从直觉上来说，这些都不是概念学习；但是它们中的任何一个或全部都可能会最终归于概念得到。[2]

因此，发生在概念学习中的事情，就像某种（亚人）推理发生在该主体 136

---

[1] 像往常一样，观察概念学习和概念获得的区别，是至关重要的。各种各样的事情都能影响概念获得，而无须它们在心理上被表征；失眠和醉酒都是貌似合理的例子。

[2] 有时被假定的是，概念是通过对其具有实例的经验进行"抽象"而习得的。在这种模型中，这些实例的经验提供了这样的证据，来证明在一个概念的外延中，事物的哪些共有属性对处于该概念外延中是"标准的"。因此，概念学习包括从该外延样本中引出这样的标准。与其他地方一样，在这里，词汇的表面差异掩盖了对概念学习的相同归纳主义描述的不同版本之间的深层相似性。随之出现的混乱在文献中无处不在。

的头脑中一样；实际上，他对自己说："以我的经验来看，这些东西中的某些是 C，而这些东西中没有任何一个东西是非 C；因此，所有这些东西都是 C，这和我的经验都是可相容的。"相应地，就像在从经验数据中得出的任何常规情况一样，这种所有东西都是 C 的置信度与这个推理被证明的合理程度成比例的（其他所有条件都相同）。① 我认为，这种 HF 模型是有关概念学习的标准认知科学观点；如前所述，尽管它并未被广泛认同。

斯纳克：也许存在这样的一个共识，但一个共识不是一个论证。什么证据表明儿童（例如）确实是通过某种归纳来学会概念的呢？

作者：很好的问题。答案是这样的，就所有人所知而言，根本没有其他选择。从一堆单一信念中（有关 EMERALD 的这个实例是绿色的；有关 EMERALD 的那个实例是绿色的；有关 EMERALD 的那个其他实例是绿色的；等等）推出一般结论（EMERALD 运用于绿色的东西上），这种推理唯一可靠的方式就是把前者的真当作后者真的证据。因此，要么概念学习就是如 HF 所说的那种，要么根本就没有任何这样的东西。我选择了第二种。

斯纳克：谁说概念学习根本上就是一个推理过程？也许它只是某种脑痒痒（brain tickle）。

作者：对。但在这一点上我正在假设：概念学习属于认知心理学领域，因此（根据 CTM）它是某种计算过程；在这个过程中，这些计算把一个心灵从前提带到结论以保持这样的语义属性作为内容和 / 或真。如果这种假设被弃并且概念获得被当作不是一个计算过程，将会发生什么，这是一个非常有趣的问题。我们将在适当的时候再回来讨论这个问题。

---

① 当然，我并不是注意到概念学习和归纳推理之间这种密切相似性的第一人；例如，参见格莱摩尔（1996）。

这已经扯得太远了，LOT_1 的进展如下：考虑你准备接受的任何初始概念，可能是概念 GREEN。然后问："构成该概念学习的归纳确证假说是什么?"嗯，获得一个概念就是至少知道这个概念是有关什么的；也就是说，它是有关该概念运用其上的东西所被要求的。① 因此，也许学习概念 GREEN 就是开始相信：GREEN 运用于（所有且唯有的）绿色的东西；貌似合理的是，开始相信这至少是获得 GREEN 的一个必要条件。但是，请注意，（假设 RTM）概念 GREEN 的一个标记是有关这样信念（即概念 GREEN 运用于所有且唯有绿色的事物）的一个构成成分。尤其是，缺少概念 GREEN 的任何人都不会相信这一点；缺少概念 GREEN 的任何人都不会若有所思地相信这一点。再者，在循环问题上（on pain of circularity），开始相信这就不能是通过其 GREEN 被获得的那个过程。② 对任何其他初始概念，进行了必要的修改也同样如此；这样，LOT_1 的结论是非常正确的，即没有任何初始概念能够是被习得的。如果一个人随后提出（经验的；见上文）假设，即一个人所拥有的大多数概念都是初始的（也就是说，无法定义的），那么你得到的结果就是，这个人所拥有的大多数概念都不能已被习得。③ 证明完毕。

这是 LOT_1 留下空间的地方。然而，我一定是神经衰弱了，因为一个更强大的结论是被保证了的；也就是说，没有任何概念能被习得，无论是初始的还是复杂的。实际上，得出这个更有力的结论并不要求这样的经验假设，

138

---

① 记住这一点很重要，这不同于说学习 C 需要学习（或者知道如何找出）C 是否适用于这样或那样的情况。我不知道（也不知道如何找出）草履虫是否是绿色的，这并不质疑我的论断来拥有 GREEN。这正是最容易混淆语义学和认识论的关键点，从而影响实用主义、验证主义、操作主义、"计算"语义学等。小心，这里有怪物。

② 请注意这与学习（单词）"绿色的"需要拥有概念 GREEN 之间的区别。后者给我的印象显然是非循环的并且为真。

③ 相比之下，考虑像 BACHELOR 这样的一个概念。在通常的观点看来，概念 BACHELOR 是（类似于）概念 HUMAN AND MALE AND UNMARRIED。因此，可以说，学习 BACHELOR 只是预先假定了 HUMAN，MALE 和 UNMARRIED 这三个概念的可用性，这些概念可以通过合取来构成 BACHELOR。如果这是正确的，那么文本中的论证表明初始概念是不能被习得的，但是对于 BACHELOR 这个概念是否可以被习得则没有定论。

即大多数概念是初始的。实际上，它根本不要求任何经验假设。

考虑 GREEN OR TRIANGULAR（= C）这个复杂概念。与 GREEN 不同，C 具有一个定义。即"x 是 C，当且仅当 x 是绿色的或三角形的"。因此，你可能会认为，即使你不能学会 GREEN，你也能够学会 C；也就是说，通过学习 C 的定义。也就是说，这实际上是 LOT₁ 的想法。

但不会这样的。问题就在这里。

5.3 这个问题本身

我把以下的真看作自明的：拥有概念 C 的一个充分条件是：能够把某个东西思考为（一个）C（如我有时所说的那样，能够把属性 C 带到该心灵面前）。① 如果一个生物能够把某个东西思考为绿色的或三角形的，那么该生物就拥有概念 GREEN OR TRIANGULAR。不需要进一步的研究。

现在，根据 HF，学习 C 的过程必须包括对"那些 C 东西是那些绿色的或三角形的东西"这样一些假说的归纳评估。但是，对该假说本身的归纳评估要求（除其他外）把属性绿色的或三角形的带到该心灵面前。你不能把某物表征为绿色的或三角形的，除非你拥有概念 GREEN，OR，TRIANGULAR。通常，你不能把某物表征为"某某这般"，除非你已经拥有了概念"某某这般"。综上所述，在这种循环问题中得到的是，正如 HF 理解的那样，"概念学习"不能是获得概念 C 的一种方式。因为，在其中 C 被获得的一个过程不能是预设拥有 C 的一个过程。结论是：如果概念学习是如同 HF 所理解的那样，那么就不能够存在任何这样的东西。这个结论是相当普遍的。是否这个目标概念是初始的（如 GREEN）还是复杂的（如

---

① 为什么这既不必要又不充分呢？也许是吧。但是我可以想象，举个例子，一些被封装的心理过程可能会接触到一个无法被思考的概念。（当一个概念在推理上不杂乱，但却可用于特定领域的计算时，可能会出现这种情况。然后问题来了：是否应该说该心灵"拥有"这样的概念。这种可能性很值得探讨，但我们不需要为了目前的目的而决定之。）

GREEN OR TRIANGULAR），这都不重要。而且（如我可能已经提到的），如果我们被给予这样的假设，即概念学习是某种认知过程，那么 HF 实际上就是有关它可能是什么过程的唯一候选说明方案。但是，当 HF 被应用于概念学习时，它是循环的。因此，不可能存在诸如概念学习这样的东西。

我认为，从中可以得到一个深刻的道理。HF 最自然地被构建为关于什么东西出现在获得信念过程当中的一种理论。它运用于概念学习上，仅仅经由（非常倾向性的）这样的假设，即概念学习本身就是一种信念获得。实际上，HF 假设学习 C 就是开始相信 C 运用于 cs。但是，信念是概念的构建，而不是相反。尤其是，认为所有 Cs 是绿色的或三角形的这个信念是（除其他外）概念 GREEN，OR 和 TRIANGULAR 的一种构建。但是，如果真是这样，那么，在循环问题上，Cs 是绿色的或三角形的，除非概念 GREEN，TRIANGULAR 和 OR 是以前可获得的。简而言之：当 HF 被分析为概念学习的一个模型时，它会调换概念学习模型与信念获得模型之间的正确解释顺序。由此产生的循环是一种特殊的惩罚，即一个仁慈的天意所遇到的那种惩罚，来自哲学家（和其他人），他们坚持把他们的解释从后往前颠倒过来。[①]

然而，为了充分公开的需要，我应该强调的是，如果像我强烈倾向于那样做的话，你假设概念个体化是指称的和原子论的，那么这一切并不会有更好的改变；对于被提供作为有助于这个假设的一个论证，也没有任何更好的改变。对此，很容易被混淆，因此我在此声明：一个（合理简短的）题外话

140

---

① 注意，顺便说一下，如果人们假设概念就像拉姆齐语句的东西（参见如刘易斯，1972），那么什么都不会改变；如果你认为拉姆齐语句是理论术语的定义，那么就不会改变。恰恰相反，正如我们所看到的，除非你已经能够想到定义，否则你无法学习一个定义；除其他外，这个定义适用于 " x 是一个电子 df [后面跟着拉姆齐语句表示'电子']"之类的定义。C 的拉姆齐语句和 C 的普通定义之间的显著区别在于，前者告诉你一个理论关于 C 的（假定的）指称物的一切；也就是说，我应该已经假定，而不是你为了 C 的语义分析目的而要求的。拉姆齐语句给你的是传统定义所没有的，只是整体论的一个特别恶毒的例子。（事实上，把拉姆齐语句中的"电子"想成对它的定义，这有点误导人。由于大家熟悉的原因，电子概念必须是超理论的，而这恰恰是"拉姆齐定义"所不具备的。拉姆齐语句中的"电子"提供了一种标准形式，用来表达理论对电子的描述。）

可以用来突出上述内容。

5.4 （合理简短的）题外话

出于围绕组合性事实的种种原因，以及我希望前面章节已经阐明这些原因，我倾向于认为心理语言语义学（以及有关概念的内容）是纯粹指称的。因此，我很高兴地宣布，对概念的内容采取指称主义立场可以在一定程度上避免我们一直在探讨的、反对概念学习可能性的那种论证。但事实并非如此。概念的指称观与（例如）概念的定义观、概念的原型观、概念的意象主义观等都在同一条船上：除非概念学习的 HF 模型的一个替代方案突然出现

141 （是的，我向你保证，这将不会发生），它们都隐含了：所有概念都是非习得的。这并不应该令人感到奇怪。什么导致概念天赋论，这不是关于概念本质的任何特定想法。而是这样的想法，即学习一个概念涉及获得关于其等同物的一个信念；是否心理表征语义学是指称的？就这样的问题而言，该假设完全是中立的。但是，很容易对此感到困惑，然后夸大语义指称论的情况。埃里克·马戈利斯（1999）最近提供了有关概念如何被习得的一个描述，我认为这被弄错了。我现在就来谈谈这。就目前的目的而言，兴趣点在于：马戈利斯将其对概念学习的描述放在关于概念内容和概念占有条件的许多指称论 / 原子论假设语境当中，正如读者将会理解的那样，我或多或少地分享这些。即：

（1）概念的内容完全是指称的。尤其是，概念并不拥有含义。

（2）概念占有的形而上学是原子论的。原则上，一个人可以拥有任何一个概念而无须拥有其他任何概念（除非拥有一个复杂概念要求拥有其构成成分概念）。

（3）从内容的形而上学角度来看，那种基本的符号 / 世界关系是一个心理表征（类型）对一个属性的锁定。如果 M 是一个心理表征被锁定到属性 P，那么"P 的标记引起 M 的标记"，这是

反事实支持的。①（当然，被要求来支持的那些反事实就是所有问题之母。）

(4) 一个概念的外延就是该概念被锁定到的那个属性的（现实的或可能的）实例集合。概念 DOG 被锁定于是一条狗这个属性，并且它的外延是（实际或可能的）狗的那个集合。

142

(5) 指称关系的一种自然主义描述将是这种锁定关系的一种自然主义理论。这样它将把一个对象在因果关系上／法则论上的充分条件明确表达成有关一个心理表征的指称物。

实际上，你并未被要求来相信任何一个或全部这些，尽管你这样做得很好了。但这是来自马戈利斯讨论所依据的那种背景。我们的问题是：是否概念学习是可能的？它对这样的问题有用吗？而且，如果是这样的，那又如何？

马戈利斯提出这样的论题（我认为其是正确的）：概念占有是原子论的，这并不排除信念、假说、理论及其类似物都可以调和一个心理表征与其所锁定的那个属性之间那种因果关系／法则论关系的可能性。然而，在这里要强调的是，在调和与构成之间的比较。关于狗的信念的那些个例标记可能是（有时？总是？）在将那些狗的标记关联到 DOG 标记所产生指称因果链中的那些链接。（听到狗叫；会想：有一声狗叫的地方就有一条狗。所以，有一条狗。）由此不会得出的是：拥有这个信念就是拥有这个概念的构成成分。同样也不会得出的是："狗"意味着狗叫声，或者说狗叫声（维特根斯坦主义者所称的）对于狗性是"标准的"，或者形而上学上必要的是：你不能拥有 DOG，除非你拥有 BARKS，或者说"狗"的这种"使用"就是指称狗叫者等等，透过这种可悲的错误理解汇集，对指称形而上学的 20 世纪描述大都是如此。得不出任何这样的结论，并且这些都不为真。马戈利斯这样认为，我也这样认为。

---

① 我假定，至少在该观念的一个重要意义上，反事实支持的那些相互关联是产生"信息"的东西，这并非偶然（见德雷斯基，1981）。

相当普遍的是：操作主义不为真，心理学家所说的"提示有效性"（其是一种认知观念）与概念个体化（甚至就不是一种认知观念）无关。（如果维特根斯坦弄错了，布鲁纳也弄错了。）实际上，所有各种东西都能够调和这些概念与其指称物之间的因果链接，而无须处于该概念等同物的任何含义构成成分当中，比如星星。那些星星标记和 STARs 标记之间的链接可能取决于：视觉接触（本身可以由望远镜或眼镜来调和）、信念、理论；英语句子的个例标记（a 写下 b 作为有关星星的一个注释）；与专家的商讨；等等，有效但无止境。这不为真的，这也得不出：与不用望远镜观察星星的人相比较而言，通过望远镜观察星星的人本身拥有一个不同的 STAR-概念。①

到目前为止，很好啦。但是接下来，我们会看到如下段落："一方面认为，一个文件的内容，对于它如何被标签，是非必要的，而另一方面却认为，它们是完全不相关的。② 没有人认为，甚至福多［!］都不认为它们是不相关的。他不这样认为的原因是……他所认为的那种心灵—世界关系决定概念的内容，这必须是由一种机制来维持，并且通常唯一可用的机制就是与该概念相关联的那个推理装置"（1999：553）。

我猜这种预期的论证是像这样的："某个或其他的心灵—世界关系（形而上学上）决定概念的内容；而且这些心灵—世界关系通常由某个或其他的"推理装置"来维持；但是一个推理装置仅仅是那种能够被习得（不仅仅

---

① 实际上，我赞成指称的形而上学的功能主义观点，马戈利斯也是如此。指称想要世界上的事物和头脑中的符号之间有可靠的关联，但它并不关心（很多?）什么样的因果机制维持这样的关联；原则上，将心理表征"C"的实例标记与 C 外延中的事物相关联的这种机制，可以完全不同于从标记到标记。在自然化指称中，其诀窍在于保持心灵—世界的这些关联，同时量化维持它们的无论什么东西。（我在其他地方也强调了这一点；参见福多，1988、1990。）

② 有关类似文件参见第 3 章。大致上，概念对应于文件的标签；信念、理论及其类似物对应于文件的内容；因此，一个人关于 Cs 的信念（只要它们明确被表征）被存储在标签为"C"的文件中。非常粗略地说：人们用文件名称思考。

是被获得）的东西；① 因此，这些概念也就能够被习得（而不仅仅被获得）"。　144
但这真是个捷径：麻烦就在于，即"你能够学会（而不仅仅获得）A"，而"学习 A 对获得 B 是充分的"，这并不蕴含"你能够学会 B"。因为，下面的说法似乎是一个直接的选择：如果通过学习一个理论你获得一个概念，那么某个东西就被习得（即这个理论），并且某个东西（只不过）是被获得（即这个概念）；但是被习得的东西并未（只不过）被获得，并且（只不过）被获得的东西并未被习得。获得概念 C 就是要锁定 Cs 共有的那个属性。并且这样的锁定可以由理论来调和。并且调和这个概念和该概念被锁定到的那个属性之间那种锁定的理论，可以是但不需要是理性的、或连贯的、或有充分证据的，更不用说是真的了。这就是为什么古希腊人思考星星是天堂的洞穴，但却仍然可以思考关于星星。

　　如果马戈利斯和我所喜欢的、关于概念内容的那种指称论／原子论的描述为真，并且如果实用主义、操作主义以及类似物不为真，那么学习一个理论对于获得一个概念来说就能是(因果地) 充分的。但是，由此并不能得出：你能够学会一个概念。② 这样，我们就在这里，又回到了起点；我们仍然对学会一个概念还没有一点头绪。题外话结束。

　　那么，现在怎么办？首先，让我们盘点一下。假设修订后的 *LOT*1 论证的某个或其他版本确实是合理的，并且它也表明概念不能被习得。接下来会发生什么？好吧（重复一点点），你不能从一个概念的未被习得推断出它是先天的，至少不是这样，如果"先天的"意思是像"不是因经验而被获得"

---

① 在这里，和其他地方一样，重要的是不要混淆概念是否能被习得的问题和理论、信念以及类似物等是否能被习得的问题，如果给予他们有效使用这些概念之先验可用性。考虑到 AUTOMOBILE 和 CARBURETOR，我假设一个人能通过纯粹归纳获得汽车有化油器这个信念。（可以肯定的是，如果你假设概念被"定义"内在于那些有效使用它们的理论，你将不能尊重学习概念和获得信念之间的区别。因此，不要这样假设。）

② 就此而言，你可以通过获得一个理论来获得一个概念（即通过获得而不是学习它）。我被本末倒置了，因此获得了行星运动的地心说，并因此与成为一颗行星这个属性链接在一起。在这种情况下，无论是我已经获得的理论还是我已经获得的概念都没有被习得。

一样的某个东西。似乎存在许多行为学先例——从"铭记"到"参数设定"都包括在内——在这种情况下，一个概念的获得是由诸如归纳推理之类的一个理性过程所调和的，这貌似不合理，但在这种情况下，概念获得却对该生物的经验特征是高度敏感的。因此，*LOT*₁ 的论证和当前的修订都没有表明：概念不能从经验中被获得。它们最多表明：从经验中获得一个概念必须区别于学习一个概念。

这一切都不尽如人意，或者在我看来是如此。特别是，根据目前的说法，天赋论似乎沦为这样的负面论题，即 HF 在概念获得方面是错误的，并且 / 或者沦为这样的方法论论题，即概念获得理论属于神经科学而不是心理学。一个悖论是：仿佛一旦经验论被认为是错误的，那么天赋论就被认为是无趣的了。①

我确实认为，如果 HF 不再发挥作用，那么关于概念先天性的这些问题就有必要进行一种一般性的重新表述。核心问题不是：哪些概念是被习得的，因为如果（被修正的）*LOT*₁论证是正确的，那么它们没有一个是正确的。但是，如果一个先天概念是独立于经验所获得的一个概念，那么哪个概念也不是先天的。很可能，这些都不正确。实际上，问题在于：解释一个生物的先天禀赋（无论是用神经学还是用意向术语来描述）如何有助于其概念库的获得；就是说，这些先天禀赋如何有助于伴随经验而开始的过程和在概念占有中结束的那些过程。否认 GREEN，TRIANGLE 或 CARBURETOR 是被习得的，这并不能回答这个问题。一旦摆脱了概念获得的经验主义理论——一旦克服了 HF 可能提供一个概念学习理论的幻想——现在该考虑一下概念获得的一个天赋论理论可能会是什么样子了。

我将提出令我备受鼓舞的一个想法，尽管我知道充其量只是一个相关地形学的概述而已。我不知道概念如何被获得。你也不知道。任何其他人也不知道。我确实同意：如果它们不是通过归纳被获得的，就需要对经验如何

---

① 论证这种观点的一位哲学家，参见考伊（1999）；有关评论参见福多（2001）。

有助于其获得方面作出一些解释。因此，正如亨利·詹姆斯（Henry James）喜欢说的，我们就在那里。

如果概念不是被习得的，概念如何能被获得？

重新开始：一个天赋论者为什么不应该成为一个关于概念的彻底预成论者（preformationist）？一个天赋论者为什么不应该这样说："概念不是被习得的，但也不是被获得的。从一开始，概念就存在那里了。我们之所以拥有这样的概念，是因为我们拥有神经学；我们之所以拥有神经学，是因为我们拥有我们所拥有的显型（phenotype）；我们之所以拥有这样的显型，是因为我们拥有我们所拥有的属型（genotype）。我们拥有 CARBURETOR 的原因与我们拥有十根手指的原因是相同的。责任止于此了吗"？

> 斯纳克：荒谬！
>
> 作者：行为学不是一个先验探究。你（或我）认为荒谬的事并不具有任何科学价值。如果概念预成论是唯一连贯的选择，那么概念预成论就是唯一连贯的选择。上帝可以选择世界是怎样的；你不能（我也不能）。
>
> 斯纳克：胡说。预成论的麻烦在于：它没有充分重视经验在概念获得中的作用。也许经验在概念获得中的作用并不是 HF 所认为的那样；也许它没有为一个归纳推理提供数据。但我想，你并不否认它也具有一定的作用吧？
>
> 作者：嗯，没有。但或许它所做的一切就是引起概念获得。对概念来说，对其属型上进行具体化，这是一回事；但对于其属型上具体化的信息进行显型上的表达——它实际上是可以被一个生物的心理过程所触及的——可能就是另一回事。也许经验是连接一个遗传天赋与其显型表达之间的桥梁。也许，甚至，如果某个属型上被具体化的概念要成为显型上可触及的，那么在哪种经验被需要方面就存在一些相当具体的约束。这种安排在行为学上已有相当好的

147

先例。

斯纳克： 对不起；我真地是这样想的；但这会是行不通的。在无倾向性的行为学案例中，触发因素可能与触发过程是非常随意地相关的。触发因素甚至可能（实际上，通常是完全）是生理激素的。在个体发育的某个（属型上具体化的）关键点上，神经化学发生变化，一个非常可爱的儿童转变成一个完全无法忍受的青少年（如艾莉森·劳里所说，"令人讨厌的、粗鲁且高大的"）。但是，如果那是触发因素所是的情况，那么对于经验如何能使得概念是可触及的来说，这并不是貌似合理的模型。

简而言之（**斯纳克：** 继续），这里隐藏着一个两难困境；如果天赋论者不能解决这个问题，那么他们在说概念可能如何被获得方面就会遇到很多困难，如同经验论者在说概念可能如何被习得方面所遇到的困难一样。一方面，存在笛卡尔的那种论证，即你不能从有关三角形的经验中获得TRIANGLE（更不用说从有关三角形的经验中学习 TRI-ANGLE 了），因为不存在拥有有关其经验的任何三角形；一个人曾遇到的最好情况是粗略的、近似的。因此，如果一个先天的概念是从其外延中有关事物的经验中未被获得的那种概念，那么就存在一个初步的论证：TRIANGLE 是先天的。另一方面，存在我称之为门把手 /DOORKNOB 问题的东西：[①] 可能不存在任何三角形，但存在许多门把手；当然，获得 DOORKNOB 是通常涉及与其中一些交互的一个过程；实际上，它通常涉及与有关门把手的好例子进行交互，这意味着类似门把手的原型示例。一个可行的天赋

148

---

① 斯纳克正在无耻地剽窃；见福多（1998）。

论必须描述为什么会这样。

在典型情况下，一个人是从门把手而不是（可能是）从茶壶中获得 DOORKNOB 的。TEAPOT 是一个人从茶壶中获得的。同样，人们通常不展示茶壶而是展示门把手（很好的例子）来实现对"门把手"的定义。但是为什么这一切都是如此呢，除非一个人用门把手的经验提供了关于 DOORKNOB 运用其上的什么东西的某种归纳证据？同样，如果概念获得不是一种归纳，那么为什么它经常与原型获得并存呢？大致上，一个概念的原型实例最类似于该概念的大多数其他实例。因此，如果概念获得运用某种归纳（也许是某种统计推理），那么在常规情况下为什么它会导致原型形成，这是完全可以理解的。嗯，正如触发因素描述所声称的那样，如果概念学习不是一种归纳，那么用什么来解释为什么会这样呢？

而且（**斯纳克**：坚持不懈地继续）还有另一种想法，它应该让天赋论者，或实际上提出放弃概念学习 HF 描述的任何其他人都感到担忧；如果你乐意这样想，它就是一种哲学思想。我们如此众多的概念如何适合于这个世界呢？如此多的概念如何拥有非空的外延呢？也许是这样，我们拥有概念 DOORKNOB，你瞧，确实存在该概念运用其上的东西（即门把手）。DOORKNOB 也不是唯一的这种情况。它是无时无刻不在发生的。① 通过学习，概念被

149

---

① 一个怀疑论者可能会否认我们的概念适合这个世界；但我对怀疑论不感兴趣。康德主义者可能会说，正是先验综合才使得我们的概念适合这个世界；但我不知道这意味着什么。一个达尔文主义者可能会说，我们的概念适合这个世界，因为这就是它们被选中的原因；但是这将提供一个历史性的解释，在这里需要一个共时的、机械的解释无论如何，"选择"观念可能是不连贯的，很像概念学习观念(参见福多，2008；福多和皮亚特利，即将出版)。在斯纳克看来（以及在我看来），我们的许多概念都有现实的外延，这是一个简单而偶然

获得，这个理论确实解释了为什么概念时常适合于这个世界的原因：这是因为往往通过普遍可靠的推理程序这些概念从这个世界中经常被习得。但是，如果HF为假，那么我们就不会通过普遍可靠的推理过程从这个世界中学会我们的概念；实际上，尽管这个世界可以（如因果地）有助于这些概念的获得，但我们根本就不从这个世界中学会它们。这样，为什么我们如此多的概念都拥有实例呢？具备任何一种良知的天赋论者都必须面对这个问题。这说的就是你呀！

作者：现在我能够回家吗？

斯纳克：你这样阴阳怪气的，你不能走；我刚起身要走的时候，你也不能走。

作者：我的白发怎么办？

斯纳克：把它们拔下来！

作者：哦，好吧。首先，让我们考虑一些原型。斯纳克和笛卡尔都赞同不存在任何三角形；因此，即使HF在其他方面貌似合理，学习TRIANGLE也不需要在遇到其实例时进行归纳。但是，尽管如此，还是存在一个三角形的原型。严格来讲，即使没有任何东西是，是一个三角形这个属性的一个实例，但一些东西，相比于其他东西，是概念TRIANGLE更好的实例，就像一些东西，相比于其他东西，是概念DOORKNOB更好的实例一样。简而言之，无论是否存在Xs，都能够存在一个X原型。（不存在任何独角兽，但是原型的独角兽是白色的，并且只有一个角。）因此，如果概念是原型，那么一些类型的概念获得就能够是归纳

150

的事实；我们的许多信念为真，这是这一事实的重要组成部分。这样的事实需要解释。

推理；大体上说，能够是统计归纳推理。我们可以把原型属性当作（现实的或可能的）族群总体的集中趋势；当然，即使族群总体中没有任何东西拥有这个属性，该属性也能够成为一类族群总体的集中趋势（例如在"平均一个家庭拥有2.5个孩子"中）。[①] 但是概念不能是原型，因为概念是构成的而原型不是。

这表明了关于原型的一个可行假说，我认为它是比较貌似合理的：尽管确实为真的是，获得一个概念与学习这个概念的原型，这不能是同一回事，但由此不需要得出的是，学习一个概念的原型只是获得该概念的一个副产品；更确切地说，它能够是概念获得中的一个阶段。或者，换句话说，概念获得可能从原型形成推进到概念得到。[②] 现在，无论好坏，我们仍然承诺这个形而上学假设，即从根本上说，获得一个概念就是锁定该概念所表达的那个属性。把所有这些都放在一起，你会得到看起来像这样的一张画面：

初始状态→（P_1）→原型形成→（P_2）→锁定（＝概念得到）。

这种想法很可能是 P_1 是一个统计推理过程，而 P_2 是某个可靠的但不是意向的（因此，更不是推理的）神经学过程。如我们所见，既然形成一个 X 原型并不需要存

151

---

① 有令人信服的实验证据表明，像集中趋势评估一样的东西确实出现在原型形成过程中，而且即使在没有例示该原型刺激缺场的情况下，也能是这样的。对相关文献的回顾见史密斯和梅丁（1981）。

② 至少，有相当多的经验证据表明：原型的形成经常出现在概念获得的早期；幼儿对于什么概念适用于什么事物的判断，通常是最可靠的范式实例。在他们获得 ANIMAL 的外延之前，在控制之下，他们已经很擅长判断是否狗是动物。

在现实的 X，那么到目前为止可能是，这张画面可能既运用于 TRIANGLE 的获得，也运用于 DOORKNOB 的获得。这将解决斯纳克的担忧：即没有任何版本的天赋论能够对概念获得中的经验作用提供一种统一的处理方式；也就是说，这既运用于拥有现实实例的概念（DOORKNOB），也运用于并不拥有现实实例的概念（TRIANGLE；UNICORN）。

斯纳克： 我注意到，你一直对 P_2 保持沉默。假设原型形成是概念获得中的一个阶段。那么下一阶段是什么？从学习 C 的原型到获得概念 C，你是如何做到的？什么类型的推理会影响这种过渡？①

作者： 我认为这不会使你高兴。

斯纳克： 我已经习惯了，这是我的工作（*c'est mon métier*）。继续。

作者： 这根本就不是什么推理。实际上，它是一个次意向的和次计算的过程；这是我们的大脑组织所做的事情而已。心理学将你从初始状态带入 P_2；然后，神经学接手，并带你完成概念得到的其余方式（即，根据当前的假设来锁定）。无论如何，意向解释不能对某人的描述一直解释下去。神经学迟早不得不接手。（实际上，物理学迟早不得不接手。）确实出现这种情况的地方并不是一个先验的问题。事实证明，P_2 是这些地方之一。②

---

① 如果在语义学方面你是一个指称论者，你会把这个问题看作：一个人如何从原型的外延（的一个表征）达到相应概念的外延（的一个表征）。C 的原型的外延会像那些具有 Cs 典型属性的个体的集合一样。概念 C 的外延是 Cs 的集合（或者可能是现实或者可能是 Cs 的集合）。

② 我不想提出关于这两种解释之间关系的一般性问题；只有长篇故事才有可能是正确的，而这只是一个脚注。但是，意向过程并不像过去那样是自由浮动的，这是貌似合理的。它们必须拥有能（原则上）在非意向词汇（例如在神经学词汇中）中被具体化的那些实

斯纳克：所有这些放在一起，这就是许多假设、假说化、推测，以及通常在黑暗中吹口哨。为什么你不证明某个东西，就为了一次改变？

作者：你就瞎忙活吧。我甚至没有试图证明任何东西；它不是先验的，也不是后验的。我在努力寻找可以依靠的一根稻草。到目前为止，我们急需一些想法，以了解关于概念获得的各个方面如何适合在一起。我正在提议一个可能的安排；具体来说，这个安排是，因为它不要求概念获得是一种学习，甚至对于狂热的天赋论者（如我）也可能是可接受的；也就是说，对于已经被我们一直在考虑的各种论证深信不疑的天赋论者来说，"概念学习"是一种矛盾的说法。假设形成一个原型通常是概念获得中的一个阶段，这个假设可能是一个鬼把戏；表面上看，它具有以下吸引人的特征：

153

由于原型是通过归纳形成的，因此假设学习一个原型就是概念获得过程中的一个阶段，这个阶段使得我们解释为什么概念通常从其实例中被习得。

确实，这使我们解释了为什么通常在具有良好（例如统计模态）实例经验情况下概念被获得；相反，如果概念获得不是概念学习，那么就没有先验的理由来说明为什么它们应该是概念学习。或者，换句话说，即使概念获得不是学习，如果结果证明概念获得包括一个学习过程，那也

现方式。一个影响意向层面现象的神经过程必须本身就是一个意向的过程，这明显不为真，还貌似不合理。例如，大脑损伤经常对心理状态、能力和过程造成破坏，但它不是通过意向过程造成的。这(使用早期论文中的一种谈论方式)只是"粗暴的因果关系"。(仔细想想，世界上发生的大部分事情都是如此。关于意向性的惊人之处在于，一方面，它是如此的重要；另一方面，有关它的谈论又太少了。)

会很好。

这也将与众所周知的经验结果相吻合，表明即使是很小的婴儿也能够识别并回应其环境中的统计规律。如果原型形成是心灵经常被用来做的某个东西，那么一种遗传赋予的统计归纳能力就说得通。

总之，这个目前的提法将使得我们解释：尽管（面临循环问题）它不可能像 HF 所说的那样，为什么概念习得却常常看起来像具有理性归纳推理的样子。相比之下，概念学习的这种明显理性是概念天赋论者的一个绊脚石，并且这样的天赋论者认为概念是由某种触发因素来获得的。

如此看来，我们现在所需要的就只是关于 P_2 的神经学描述；就是说，无论它是什么，它都会将已经学会了一个原型的一个心灵过渡转变为已经获得了该原型所是的那个概念的一个心灵。我没有任何这样的描述。我甚至都不是神经学家。

斯纳克：再告诉我为什么 P_2 不能是某种推理？

作者：好吧，因为可能只有两种推理过程。而且，很明显，这两者都不是。被排除的一种选择是，心灵以某种方式将原型与候选概念进行比较，并将每个原型与最匹配之的概念配对。这样的论述表面上是循环的，因为我们的问题是概念如何获得，并且你无法将一个原型与你不能拥有的概念进行比较。另一种可能性就是，存在一种推理模式，如果给出一个原型，它就确认其相应的概念。但这确实让我感到震惊。一个基本的问题是，一个概念及其原型所处的关系可能存在许多不同类型。那个卷心菜的原型概念被关联于 CABBAGE。但是那个国王的原型以相当不同的一种方式被关联于概念 KING。（卷心菜大体上看起来像彼此。国王

154

大体上不一样，除非戴着皇冠。）而那个三角形的概念又以另一种方式被关联于它的原型。并且那个原型奇数[①]还以另一种方式被关联于概念 ODD NUMBER。依此类推，我想大概是无穷尽的。我不相信一个人能够只看看一个原型，就能指出它是什么概念的原型。假若 P_2 是某种推理，我也不认为它能是从一个原型到有关该原型的那个概念的那种推理。

155

斯纳克：但是，你确实承认这种仅有的可能性：即 P_2 是某种推理，而不是单纯的机械式来回拉扯（a merely mechanical push-and-pull）？

　　作者：我想，这是仅有的可能性。但我会强烈反对它作为一个可行的假说。当然 P_2 必须对应于某个神经学过程或其他过程。但这远未得出：它也对应于任何意向的过程（例如，对应于某种推理）。据我所知，也没有任何经验证据表明确实如此。确切地说，通过其原型的有关概念的不完全决定性看上去是根本的。（以至于相同的原型可以对应于不同的概念；鸡既是有关 FOOD 又是有关 BARNYARD FOWL 的范式实例。）在这种情况下，我很难被要求来想象一个推理过程会可靠地产生正确的结果。

斯纳克：我不认为你打算告诉我们有关 P_2 的任何有用信息（我的意思是，不同于这样的信息：它不是推理的）？

　　作者：我也不这么认为。事实上，我能够想象其实并没有太多要说的。我正在假定的是，在这些范式情况中，P_2 从一个（归纳派生的）原型开始，并以锁定某个属性而结束，其中这个属性为该原型是一个特别好的实例所与之有关的属性。

---

① 信不信由你，确实有这样的事情。参见阿姆斯特朗等人（1983）。

需要牢记的一点是，很可能，被锁定本身就是一种非常异质（heterogeneous）的关系；也许存在各种各样的机制，它能维持一种心理表征与其外延中的东西所分享的那个属性之间的那种关联。（参见上面对马戈利斯 1999 的讨论。）这表明有一种（非常不愉快）可能性：即 P_2 可能会在次意向层次上被异质地实现。由于概念被锁定在世界上许多完全不同的东西（卷心菜、国王、素数等）上，因此很可能存在许多不同种类的心灵—世界机制来构成这种锁定。这种锁定是一个神经学的过程，这并不蕴含被锁定的这个过程是一个神经学上的自然种类过程。

斯纳克： 我可以提出一个友好的建议吗？

作者： 我对此表示怀疑。

斯纳克： 不完全是。确实，假设原型不是概念，这为真。为什么概念不能是与其一起具有相似性度量的原型呢？毕竟，研究原型理论的心理学家大多认为概念就是这样（例如，参见奥西尔森和史密斯，1981）。如果他们是正确的，那么，对于天赋论者来说，合理的建议是，将相似性度量按照原样直接植入神经学中。一个人知道一个概念的原型是什么，他就能明白该概念的外延中的、相关类似于该原型的其他东西。那也就是说，给定了一个概念的原型，一个人就会（非推理地）明白该概念外延中的、相似于彼此的许多东西。大脑的先天结构（或其他任何东西）无偿提供了这种能力；[①] 就意向解释而言，它是基石。因此，在概念获得中未被习得的东西就是，人们对该概念的原型实例及其外延的其余部分之间相似性的理解。这听起来有点像维特

---

① 斯纳克说，他正在从"习得相似性"现象中抽象出来；这需要对他心灵中所拥有的那种概念获得理论进行更严谨的阐述。

根斯坦的想法吗？至少有很小一点点？

作者：它行不通；组合性问题依然存在。正如你无法根据 FE-MALE 和 DENTIST 的原型来构建那个原型的女牙医（如果有的话）一样，你也不能从 FEMALE 和 DENTIST 的相似性构建出 FEMALE DENTIST 的那个相似原型。女牙医彼此相似方面并不等于女性彼此相似方面和牙医彼此相似方面的总和。（实际上，除了女牙医都是女牙医外，没有什么能使女牙医彼此相似。）这不只是一时的嘲笑。除非可以在不使用相关概念的情况下指定相似性的相关因素，否则基于相似性的概念理论就是空洞的。可以肯定的是，所有 Fs 彼此相似，因为它们都是 F。① 这无济于事，我们不需要认知科学来告诉我们。

　　根本问题是上面提到的问题：不同事物之间彼此相似的方式通常并不彼此相似。毫无疑问，卷心菜在某些方面彼此相似。同样，在某些方面，国王也是如此。但这都是不争的事实；要将其转变为基于实质相似度的概念理论，你还需要明白，相似于一颗卷心菜，就是相似于一个国王。好吧，并非如此；并且，由于并非如此，因此你会期望相似性度量的组合性失败；确实如此。（有关讨论，请参见福多和勒伯，2002。）

斯纳克：这里有一个想法：为什么不能通过某种语义特征重叠观念来说明概念之间的相似性？大致来说，一个 x 与 C 原型所

158

---

① 例如，常常为真但不利于被论述的是：如果有人告诉我们，使得鸟类彼此相似的，是它们都是"+ 鸟"；或者说，使得人工制品彼此相似的，是它们都是"+ 人工制品"；或者说，使得（物理）物体彼此相似的，是它们都是 +（物理）对象；或者说，使得行为的自主体彼此相似的，是它们都具有"+ 行动的自主体"特性。在所谓的词汇语义学中，你可能会惊讶于有多少文献是由这些老生常谈的词汇反复习得构成的。

分享的特征越多，就越有可能将其视为归入 C。

作者：这些特征是没用的。他们早该灭绝了。根据目前的观点，女牙医与男牙医有一些共同点。两者都满足（在其外延中）这个特征 +DENTIST。但是现在：男性牙医和女性牙医是否都归入这个相同特征 +DENTIST？也就是说，在相同的"牙医"意义上，男性牙医和女性牙医是否都是牙医？或者存在两种（非常相似的）语义特征 +DENTIST，一种运用于男性牙医，另一种运用于女性牙医？用"什么能使得一个东西类似于牙医？"这个没有希望的问题来取代"什么使得一个东西类似于一个 + 牙医？"这个同样没有希望的问题，这无济于事。烦人的特征，无处不在。①

159

斯纳克：好吧，如果你不喜欢我的这个关于相似度的理论，其中这种相似度是概念获得中未被习得的东西，那么你告诉我你的想法，怎么样？

作者：一个都没有。

斯纳克：为什么我一点都不惊讶？

作者：但我能变戏法给你一个幻想。如果我们开始于非正式引入一个吸引子景观（attractor landscape）观念，它就会有用。（这是一个在神经网络讨论中经常出现的观念，但我们不必坚持反对之。需要对这类模型进行引入的那些斯纳克们应该参见埃曼塔尔，1996:ch.2。）因此，接下来：心如大海

---

① 毫无疑问，这些特征应该并没有真正起到任何作用。毕竟"特征"只是"开放句"的一种写法。"单身汉分享 + 男性这个特征"只是"单身汉满足——IS MALE"的一种说法；在这些表述之间实在没有什么可供选择的。（补充这些特性是"次语义的"或"分布的"也无济于事。比较斯莫伦斯基，1995。）这些评论也适用于，经过必要的修改后，用来表征概念（不是作为特征束，而是）作为"多维向量空间"中位置的那种理论（比较丘奇兰德，1989）。在这里，这个提法也仅仅只是记录一下而已。（相关讨论见福多和勒伯，2002:ch.9。）

（The mind is like a sea）。

斯纳克：再说一遍好吗？

作　者：我说："心如大海"。想象一下，在大海里，小船星罗棋布，像云雀一样快乐地航行着。阳光充足，海风正好。出场费已付。没有一个船员晕船，所有的航行仪器都运转良好。（我说这是幻想。）然而，这里有一个陷阱。船只航行的海面上漩涡随处可见。

斯纳克：漩涡？

作　者：漩涡。也就是海面上的洞口，物体可能会掉到洞里去，这是根据一个物体越靠近漩涡，漩涡把它吸进去的力量就越大这一原理得出的。（一个吸引子景观的范例就是一个牛顿式宇宙，在那里，点的质量相互吸引，力的大小与它们的距离成反比。）

160

斯纳克：我不喜欢玩这个游戏。我不喜欢漩涡。

作　者：没关系；只要你能理解就好。那么，这个比喻是如何应用于概念获得的呢？把概念当作吸引子，每个吸引子都有其在海上的位置。把原型当作海上的小船，根据这个原则，这个原型越好，相应的吸引子就越接近。

斯纳克：从什么时候开始，原型有好有坏？

作　者：我刚编的。直觉告诉我们，在某些情况下，知道一个原型非常接近于知道归入那个相应概念的充要条件；有些情况下它并不如此。这是因为，再粗略地说一次，在某些情况下，大多数（实际的或可能的）Cs 与那个原型 C 非常相似，而在另一些情况下，许多 Cs 与那个原型 C 并不相似。或多或少等价的是：在某些情况下，那个原型会给你提供关于 Cs 所分享的那些属性的大量信息，而在某些情况下则不会。（三角形的那个原型可能对前者是典型的，事物或事件的那个原型对后者肯定是典型的。）这是我称之为"好的"原型的第一种类型。好吗？

斯纳克：[不满的斯纳克，但没有出声]。

作者：[继续]。那么，情况是，那个原型越好，它就越接近一个吸引子。而且那个原型与一个吸引子越近，学习该原型就越有可能是充分的，对于获得那个相应的概念来说①；也就是说，对于锁定那个相应概念所表达的那个属性来说。这样，第一种近似的情况是先天的东西就是该吸引子景观的几何形状。

斯纳克：再来一遍？

作者：看，假设形而上学的情形是，要拥有概念 SHEEP，你必须与有关是一只绵羊这个属性（无论是什么）处于锁定关系（无论是哪种）当中。好了，此讨论已独立地承诺了内容是指称的，也承诺了：指称是一个概念的（现实的或可能的）标记与该概念所表达的那个属性的（现实的或可能的）实例之间的某种因果的 / 机械的 / 法则学的关系。因此，将这些放在一起：靠近一个吸引子，并且你就锁定一个属性。这是一个残酷的事实；特别是关于我们所是的那种动物类型（大概是关于我们所拥有的大脑类型）的残酷事实；这是概念获得现象所赖以生存的基石。

斯纳克：当然，这并不能告诉我们事情的运作方式。我的意思是，这并不能解释：学习这个原型如何使你锁定那个恰当的属性。

作者：没有什么是完美的。但令人欣慰的是，这类情况有一个明显的出处。例如，我所提议的东西是非常接近知觉闭合如

①　在经验上是充分的；当然在概念上是不充分的。

何运作的标准格式塔处理方式的。他们的想法是，知觉范畴化(perceptual categorization)是偏向"良好形式"方向的。因此，一个有小缺口的圆被看作圆的一个实例，而不是有缺口的东西的一个实例；同样，将三角形稍微弯曲的三角形视为 TRIANGLE 的一个实例；等等。实际上，在对形状稍有变形的东西进行感知分析时，具有良好形式的形状可充当吸引子。并且，越接近一种良好形式的感知，就越有可能被相应的吸引子捕获。柏拉图是正确的（或多或少）：把一个图形看作一个三角形就是把它看作处**在三角形的形式之下**。

因此，这是我关于概念获得的描述：被习得的（不仅被获得的）东西是那些原型（经验的统计表征）。先天的东西是这样一种倾向，即在已学会如此这般的一个原型之后，要掌握如此这般的一个概念（即锁定这样的属性）的倾向。对**天堂中那个三角形**渐近相似东西的体验引起了对三角形性的锁定。①

我想知道，这是否使我成为一个天赋论者？如果是这样的话，它会让我成为什么样的天赋论者呢？在这种精雕细琢的方式上，概念天赋论的相对激进类型和概念天赋论的比较温和类型之间的区别主要在于将这些原型映射到这些概念上的原则普遍性。这里再类似地讨论好形式，这是引人注目的。知觉闭合的格式塔描述是彻底的天赋论吗？这取决于形式的好性被评估所依据的原则普遍性。如果他们是非常具体的——对于每一种感知，如果你必须说，什么是独立的良好形式——那么这种被蕴含的天赋论是非常

---

① 只要没有实例的概念（TRIANGLE, UNICORN）有原型，它们就能被习得。

强大的。如果不是，那就不是。

斯纳克：总的来说，我发现自己非常无动于衷。难道所有有趣的问题都没有被回避吗？

作者：是的，他们当然有。就像我说的，这是一种画面，而不是一个理论。当你遇到吸引子附近的事物时，说你"自动地"获得了一个概念，并不是说这种锁定是如何被实现的；这只是说，它是如何实现的，这不是在意向层面上被解释的。同样地，尽管我认为这个吸引子空间的几何结构一定是先天的，但我并没有提供任何建议，在先天空间会被需要拥有什么几何结构来说明人类概念获得的那些偶然事实。就此而言，即使我的观点是正确的，即先于概念获得，这个空间的几何结构必须是可用的，我也没有理由否认，在经验、学习、成熟过程或任何其他心灵—世界或心灵—身体交互作用的压力下，这个空间是能够改变的。它是否不稳定，或者在多大程度上不稳定，这是一个经验问题；而且，就目前情况来看，它是完全开放的。原则上，所有被要求先天地被设定的东西，就是那个吸引子景观的那个初始层面。从那以后，一切都可以商量。

无论如何，其关键在于，连同一个生物的经验的一种具体化，一个概念的原型对于决定该生物是否会获得该概念，这是不充分的。你还需要知道这个生物的吸引子空间的几何结构。但是，很有可能，一个生物的吸引子空间具有它所具有的几何结构，这只是关于该生物的一个残酷的事实。① 在这个意义上，概念获得是一个非理性的过程。

斯纳克：这难道不是说所有概念都是先天的吗？

---

① 或者，也许，它是关于那种生物的残酷事实。一个悬而未决的问题是，生物的分类学在多大程度上通过其概念习得机制与它们的系统发育分类是平行的。

作者：是的，当然所有的概念都是先天的（如果"先天的"意味着"未被习得的"）。我认为前面几页已经说得很清楚了。而且，既然我认为一个生物先天概念禀赋必须通过它的神经属性来实现，这是一个共识，那么我所补充的就是，把这些属性看作决定一个吸引子景观的几何结构，这可能会有所启发。尤其是，这可能是一种避免把它们当作实现概念获得 HF 模型的方式。

斯纳克：我想你完全忘了这次谈话的主题了。让我提醒你。我曾经问过（在我看来，这是很久以前的事了），如果没有概念学习这种东西，我们的概念通常典型地是从它们的实例中被获得的。然后你开始讲述一个关于吸引子景观的长篇大论，并不十分有趣，其关键在于（如果我理解你的话）解释：只要原型形成是概念获得中的一个阶段，那概念获得如何可能无法成为一个推理过程。这是因为原型（而不是概念）是通过"归纳"（或其他）被习得的，其中概念（通常）是通过其实例的经验而被获得的。到目前为止是这样的吗？

作者：就此论证而言，这样就行了。

斯纳克：但是你漏掉了一些东西。你想知道你遗漏了什么吗？

作者：不知道。

斯纳克：那我就告诉你。你说我们通过某种或其他的"自动"过程，从我们的原型跳跃到我们的概念。你还说这些跳跃不能算作推理。既然如此（或者，更确切地说，假定如此），什么东西解释了我们跳到的那些概念，为什么典型地表达现实世界中被实例化的那些属性？原型之所以适合这个世界，是因为它们是由一个理性的、归纳的过程所形成的。但是，如果我们从一个被获得的门把手原型到概念

164

165

DOOKNOB 的这个过程是非理性的，那么，什么东西解释了为什么不仅这个原型，而且这个概念，也适合这个世界呢？难道你不需要在我们跳到的那些概念和东西所是的那个方式之间预先建立某种和谐关系吗？

作者： 我同意这需要某种深入研究。

首先，重要的是，不要高估我们的概念在世界中的适用范围。笛卡尔那种案例的关键在于，严格来说，我们并未从与三角形的接触中学会 TRIANGLE；我们也并未将其应用于我们所接触到的三角形。严格来说，没有任何这样的事情。当然，当我们随意说话（通常是大多数时间）时，仿佛存在很多三角形。（我们确实是这样说话的，这只是专利：听到不存在任何三角形的消息时，我们很惊讶，"给我画一个三角形。""我不能。""因为你没有铅笔？""因为我是一个柏拉图主义者。"）因此，存在一个概念（称之为 X)，我们的心灵从具有那些东西的经验中跳到这个概念，其中从广义上讲，这些东西是三角形。大概这个过程是通过学习什么东西是三角形的原型来被调和的。严格来说，只有在学校，我们才知道 X 并不是有关三角形性的那个概念，并且这个"三角形原型"只是松散地说着有关三角形的那个原型。① 通常的分析方向把 X 当作近似于 TRIANGLE。正确的分析方向使得 TRIANGLE 成为有关 X 的一个复杂综合处理而已。

斯纳克： 好吧；也许是吧。但是 DOORKNOB 怎么样呢？严格地说，我希望你不要说它们都不存在。

---

① 当然，不存在严格意义上所谓三角形的原型：严格地说，TRIANGLE 的任何一个实例都和 TRIANGLE 其他任何一个实例一样好。因此，存在严格意义上所谓三角形实例的定理，但不存在松散意义上所谓三角形实例的定理。

作者：好吧，适用于松散谈论三角形的这种模式同样适用于严格
谈论门把手。区别在于，是否一个东西是严格意义上的一
个门把手，而并非一个东西是否是严格意义上的一个三角
形，这取决于它如何触发我们思考。因此，对于成为一个
三角形的本质东西能被具体化，而无须参考我们；但是对
于成为一个门把手的本质东西却不能被具体化。成为一个
三角形就是要有三个边等等。但是，成为一个门把手仅是
成为那种东西，其使得心灵跳到 DOORKNOB 上。正如我
在其他地方提到的那样（福多，1998），是一个门把手这
个属性是依赖于心灵的（当然，是一个三角形这个属性不
是依赖心灵的；它纯粹是抽象的）。

　　我假定，正是这个 DOORKNOB 模式，而不是这个
TRIANGLE 模式，这是初始的。因为有很多东西都让我们
觉得是门把手，所以就会得出存在很多门把手。因为很多
东西也让我们觉得是三角形，但这并不会得出存在很多三
角形。相反，没有任何三角形。根据我一直在尝试向你讲
述的思路，这一切都应该是这样的：像 DOORKNOB 及其
类似物这样的概念是从这个世界上的东西中被获得的，并
且，这并不是对概念天赋论的一个反对意见；严格地说，
像 TRIANGLE 这样的概念不是从这个世界上的东西中被
获得的，并且严格地说也不适用于世界上的东西，这不是
对概念天赋论的一个反对意见。这一切都源于像是（严格
地说）一个门把手这样属性的形而上学和像是（严格地说）
一个三角形这样属性的形而上学之间的不同；前者依赖于
心灵，而不是后者依赖于心灵。柏拉图的错误在于，认为
DOORKNOB 的获得应该被模型化在 TRIANGLE 的获得
上，其结果就是，这些门把手只能是天堂里的门把手，这

167

令人难以置信。好吧，每个人都会犯错。

斯纳克：这就是你所称的天赋论？休谟认为，正是有关门把手的经验使我们形成了有关一个门把手的那个概念。你认为休谟是一个天赋论者吗？

作者：每个人，包括休谟，都必须是关于某个东西的一个天赋论者；无中生有。休谟的错误在于，假定 DOORKNOB 是能被定义的（就像 TRIANGLE 一样，只不过 DOORKNOB 的这个定义是"感觉的"）。基于这个假定，感觉概念是休谟被要求作为一个天赋论者所关于的东西；DOORKNOB 可以根据门把手经验的构建从中被组装。[①] 相比之下，我认为门把手并不拥有定义；你从经验到 DOORKNOB 所得到的东西，不是靠构建，而是靠一种信念的飞跃。我也是一个经验论者，但属于那种存在主义类型的经验论者。

168　斯纳克：你会说对这一切都存在一个关键点吗？还是就此打住？

作者：我认为这个关键点是，一旦我们明确了概念不必与它们的原型同一，貌似合理的就是：原型学习就是概念获得的一个阶段，至少对于像 DOORKNOB 这样的概念来说，确实如此，可能对于像 TRIANGLE 这样的概念也是如此；这就是为什么概念获得经常看起来像一种归纳的原因。

斯纳克：这不是关键点所在，这只是一个总结。

作者：我还没有说完。现在迫在眉睫的研究问题在于，在一定程度上，来理解概念及其原型之间的关系。我假定，如果我

---

① 记住，对于休谟来说，我们所认为的"逻辑建构"是一个联结的过程。特别是，它不是 HF 的一种。所以，休谟并没有陷入学习 DOORKNOB 需要一个（初始的）门把手概念的论证。我认识很多心理学家，他们仍然想摆脱我们讨论过的那种悖论，选择一些联结主义的概念学习理论。因为联结被认为是一个因果／机械的过程，而不是一个理性／计算的过程，如果联结主义为真，那将是一条出路。但是，当然，它不是。

们最终要理解为什么学习 C 的那个原型触发有关 C 的获得而不是某个其他概念的获得（同样，为什么它触发锁定C 所表达的那个属性，而不是其他属性），这是最基本的要求。在写这篇文章时（在我看来是这样），除了它们是不同的东西之外，几乎没有人知道原型和相应概念之间的关系。以下所述仅能被合理假设：(i) 那个原型的外延通常是（但不总是；参见 TRIANGLE）该概念外延的一个子集。(ii) 概念表达那些依赖心灵的属性，经常会比你可能假定的还要多；所以，如果你想理解概念获得，相比较于TRIANGLE 而言，DOORKNOB 是一个更好的例子来思考这些。

斯纳克：你现在说完了吗？

作者：是的。

斯纳克：好！

6

前概念表征

6.1 引 言

贯穿本书的一个有用假定是，看到一个东西（更不用说思考关于一个东西了）需要对它进行表征；因此，看到和思考继承了表征上的那些约束。但是（至少到目前为止）没有什么能排除这样一种可能性，即在看到 / 思考过程中所发生的那个表征（the representing）是非概念的。那么是否存在非概念化的心理表征呢？如果是这样，那么这些表征可能会是什么样子？到哪里可能找到一些呢？如果你已经找到了一个这样的表征，你如何会知道呢？

斯纳克：谁关心呀？

作者：嗯，认识论者关心。例如，经常（至少从 1956 年塞拉斯开始）被说到的是，没有任何前概念的东西"被给予"在经验中；从概念化的结果中抽象出诸如亲知这个世界"如其所是"这样的东西，是不存在的；实际上，在知觉领域和思维领域之间并没有原则性的区别。① 既然如此，经验中所给予的东西就不可能成为辩护知觉信念的理由。这种论证思路有时被描述为"新康德式的"。据我所知，可以

---

① 我真地不清楚塞拉斯是否认同这类东西。但许多自诩为塞拉斯主义者的哲学家确实如此，这对于目前的目的来说已经足够好了（参见麦克道尔，1994）。

152

是这样的。 170

斯纳克：为什么我应该关心是否认识论者关心是否存在一个经验的
给予？一方面，可以否认的是：经验内容中的任何东西向
我们展示了这个世界是如何的，当它被呈现出自然状态
时。另一方面，可以否认的是：经验内容中有任何未被概
念化的东西。我不是一个认识论的斯纳克，我是一个心理
学的斯纳克。因此，我满足于思考是否存在前概念的经验
内容，并让认识论的碎片落在它们可以落的地方。即使经
验上被给予的东西不是辩护知觉信念的东西，但它也可能
是在知觉信念形成过程中被概念化的东西。

作者：这对你有好处，斯纳克；预先用认识论的恶意来研究你的
心理学，这确实是**非常糟糕**的做法。这样做的人通常会
把两者都弄得很糟。尽管如此，撇开有关辩护的问题不
谈，一位心理学家还是有理由思考经验在信念形成中扮演
着什么样的角色。经验包含什么（如果有的话）前概念内
容，这个问题无疑是这一探究的关键。这样，让我们来看
一看。

斯纳克：我想该吃午饭了。

作者：以后再聊。

6.2 表征的类型

我马上着手要说明其中原由，我认为，知觉信念形成过程中因果上涉及
的至少一些心理表征确实是非概念的。我将提供的论证思路是这样的：一方
面，经验上貌似合理的是，这些表征中至少有一些表征是"图标的"（而不
是"话语的"）；另一方面，从本质上来说，图标表征不是概念的。这是我的 171
辩论策略，最好我来说说关于我所认为的图标表征和话语表征是什么。

首先，我的用法是特殊的。在语义学 / 符号学文献中，"图标的"常常与像"图画的"和"连续的"这样的观念相一致。但是，我们并不总是很清楚这些相当于什么，也不清楚它们之间的关联是什么。往往是，它们仅仅领会彼此的清晰边界。我要假装这种安排都是空白的并且仅仅作了些规定。因此，"图标的"和"话语的"指谓表征的相互排斥模式；一个表征是其中任意一个模式，这蕴含它就不是另一个模式。（我想说的是，有些表征既不是图标的，也不是话语的。我一时想不出一个好的候选说明方案，但对我目前的目标而言，这无关紧要。）出于熟悉的原因（见第 2 章），我进一步假定，我们所关注的、所有类型的表征都是组合性的。近似地说，一个表征是组合性的，当且仅当该表征的句法结构和语义内容都是由其构成成分的句法结构和语义内容所决定的。根据我的用法，图标表征和话语表征之间的区别呈现出它们获得其组合性方式之间的不同。

6.3　话语表征

自然语言的语句都是范例，这里的概述是再熟悉不过的了。每一个语句都是由有限的构成成分组成的，其中这些构成成分本身要么是初始的，要么是复杂的。每个复杂的构成成分都是"词汇初始单元（lexical primitives）"（单词）的有限排列。词汇初始单元具有其内在的句法属性和语义属性；大致来说，一个词是由一组语音特征、一组句法特征和一组语义特征三要素所组成的。[①] 这些都是由该语词的"词典"中的"条目"来列出的。L 中的一个话语表征是句法上组合的，当且仅当它的句法分析是由 L 的语法以及其词汇初始单元的句法分析一并所完全决定的。在 L 中一个话语表征是语义上组合的，当且仅当它的语义解释是由它的句法以及它的词汇初始单元的语义解释一并所完全决定的。[②] 以下面的语句（1）为例，它的句法结构（或多或少）

---

① 除了我并不真相信语义特征之外（见福多，1998）。

② 它有助于阐述把一个语句的予以解释等同于它的真值条件，正如我通常所做的那样。当

如（2）中所示，语义解释（或多或少）是约翰爱玛丽。

（1）约翰爱玛丽。

（2）（约翰 NP）（爱 V）（玛丽 NP）VP。

该语句的语法和语义是由这样的事实所决定的，即"约翰"是一个名词，并且指谓约翰，"爱"是一个动词，并且指谓 x 爱 y 这种关系，"玛丽"是一个名词，并且指谓玛丽。更多的细节可在符合你当地的语言学系前提下才是可用的。

对我们来说，重要的是：一个语句的语义解释（任何话语表征的必要修改）完全依赖于其词汇初始单元的属性与其构成结构的属性之间相互作用的方式；并非话语表征的每一个部分都是其事实上的构成成分之一。因此，例如，根据分析（2），"约翰""玛丽"和"爱玛丽"是在（1）的构成成分当中的。但"约翰爱"不是，"约翰……玛丽"也不是[①]。这是事实的一部分，即无论是"约翰爱"的语义解释还是"约翰……玛丽"的语义解释都不会有助于决定"约翰爱玛丽"的语义解释；实际上，它们在该语句中都没有语义解释（当然，尽管它们包含的每个词汇初始单元都有语义解释）。

我要说的是，一个话语表征的构成成分是被它的"规范分解（canonical decomposition）"所识别的部分中的那些构成成分。在我看来，正因拥有一个规范分解，才能区分出话语表征和图标表征。

6.4　图标表征

图画是范例（但请参阅接下来的注意事项）。我假设，图画和语句一样，

然，这带有很大的倾向性，但我不建议以此为基础进行论述。顺便说一下，重要的是要注意二者之间的含糊性：一方面，L 的语法指派到它句子类型的、作为表征的那些解释；以及另一方面，L 的说者／听者在交流过程中指派到其语句的标记符号的、作为表征的那些解释。这是从上下文中可以明显看出的。希望如此。

① 词汇初始单元本身也算作构成成分，因为它们有语义解释。承蒙好意，这样的整个句子都是构成成分。

拥有一个组合的语义学。它们的组合性原则是：

图画原则：如果 P 是有关 X 的一张图画，那么有关 P 的那些部分就是有关 X 的那些部分的图画。[①]

图画及其类似物不同于语句及其类似物，因为图标并不拥有规范分解成为部分；一个图标的所有部分本身都是构成成分。就拿有关一个人的一张照片来说，以你喜欢的方式把它分成诸多部分；然而，每一个图画的部分都是以这个人的部分来显示的。[②] 如果你重新组合这张图画的所有部分，那么你所拥有的整个全部就是这整个人的一张图画，在其中该图画的各个部分都是有关这个人的画面的。

因此，在接下来的所有内容中，没有规范分解的表征就是图标。我将论证（现在很快），图标表征本身缺乏概念化表征的许多特征；这样，我们开始的问题（"任何心理表征是非概念化的吗？"）能够被替换为问题"任何心理表征是图标的吗？"最后，真正的问题在于：经验证据能被带来对此问题产生哪些影响？不过，首先，我想岔开话题说说这些注意事项。

6.5　有关图标的题外话

我已经把图画作为我的图标范例，但我并不是说它们是唯一的例子。我假定，图表不是图画，但如果你画一条曲线来表征某一属性在总体中的分布，那么该曲线的一部分当然表征该属性在该总体中的分布（也就是说，它部分地表征该属性在总体中的分布）。因此，根据我的用法，图表（典型地）是图标。由于图标不必是图画，所以不能被假定的是：图标本身与它们所表

---

① 为了便于说明，我假定，P 是有关 X 的，这是处于图画和与之有关的世界上事物之间所持有的唯一语义关系；更确切地说，它是唯一这样的组合关系。我不认为这对我的论证很重要。同样的，我对有些图画并不"有关"任何东西，不作评判。

② 一个图标的一些部分太小以至于无法拥有解释；例如，它由原子组成。我一般会忽略"细微"这类问题，见下文。

征的东西类似；甚至是在图画类似的（弄错的）假定情况下，也不能如此被假定。

6.6　图标如何运作

到目前为止，图标表征，就像话语表征一样，是典型的有关这个或那个·的。但前者没有规范分解；也就是说，它们没有构成成分结构；也就是说，不管它们如何被分割，它们的规范部分和它们本身的部分之间没有区别。这里有另一种表达方式：从句法和语义的角度来看，一个图标就是一种同质类型的符号。它的每个部分都是一个构成成分，每个构成成分都根据**图画原则**得到一种语义解释。但对于话语表征来说，这两种情况都不为真。只有话语符号的那些部分的一个特定子集（即话语符号的规范部分）是句法构成成分或语义构成成分；到目前为止，一个话语表征的各种构成成分可以有助于以不同的方式来决定其主体的语义学，这是远未解决的问题。

我们的范例，即一种自然语言的语句，在这两个方面显然都是非图标的。从句法上来看，它们包含：名词、动词、形容词、NPs、VPs、PPs等。从语义上来考虑，它们包含：单称词项、摹状词、谓词（包括补语结构）和一种逻辑术语装置，如量词、变元和联结词。相应地，区分语句构成成分和单纯语句部分的规则，以及从语句构成成分解释中组成对语句表达式解释的规则，这些都是令人不安的复杂且难以表述；迄今为止，语言学家在这两方面都只取得了部分成功。比较一下那种充分阐述**图画原则**的、并不神秘的装置。

因为话语表征分解成句法上和语义上的异质构成成分，所以它们能够拥有逻辑形式（也许所有话语表征都能够表达真）。相比之下，由于图标表征分解为语法和语义上同质的那些部分，因此它们不具有逻辑形式。我认为这是很普遍的。一个符号的逻辑形式被假定来使得其构成成分非常明晰；也就是说，它被假定来使得这样的贡献非常明晰，即该符号被解释的每个部分都

175

对其解释有用。但是一个图标符号的每个部分都是一个构成成分，并且每个构成成分都以同样的方式对整个图标解释作出了贡献：每一个部分都显现该图标所描绘的一部分。

在这种意义上，由于图标表征的解释部分在句法上和语义上是同质的，图标符号不能表征话语符号能表征的那些东西。例如，图标不能表达否定命题和肯定命题之间的区别，这种区别（除其他外）体现逻辑常项之间的语义区别。同样，它们也不能表达量化命题；或假言命题；或模态命题。他们甚至不能表达谓词，因为这样做需要（除其他外）区分将个体词有助于语义解释的那些词项和有助于集合（或属性，或任何东西）的那些词项。由于密切相关的原因，图画并不拥有真值条件。从根源上来讲，对于一个符号来说，176 它不得不挑出一个个体和一个属性，并述谓有关该个体的那个属性，这为真；但图标表征无法做到这样。所以，相机不撒谎，但也不会讲真话。①

在这些考量中所隐含的是，话语表征典型地携带本体论承诺，但图标表征没有携带本体论承诺。② 尤其是，话语表征确实有在他们被解释的范围内强加了个体化原则，但图标表征没有。③ 我不想长篇大论，因为我害怕。因此，如果你让我假定一个表征系统本体论上被承诺到什么个体，这取决于它

---

① 这与我们熟悉的、有关观念的图画理论之反对观点是一致的：在约翰的不爱玛丽情况中，对于一张图画来说，不存在任何东西相似。

② 众所争论的是，在什么条件下，是否话语表征系统的本体论承诺可能是唯一的（例如，是否存在关于表征指称什么这样的事实）。据我所知，不确定性的通常论证假定，用于解释（翻译）的数据由信息提供者的言述与其言述时所处的情形之间的相互关联所详细讨论。这种论断是，甚至在原则上，这类数据中也没有任何东西能够区分（例如）对兔子本体论承诺和对未分离的兔子各部分之本体论承诺。然而，由于我认为这种相互关联主义的前提确实为假，所以我觉得是否得出结论，这并不十分重要。讨论参见福多（1994）。

③ 然而，最重要的是不要从认识上解读"个体化原则"。如果我拥有概念 CAT，我就知道对猫的个体化原则；也就是说，每只猫都是一只猫，其他的都不是。所以，如果我拥有概念 CAT，那么我知道如何才能算作猫；也就是说，我知道我必须将每只猫都算为一只猫，其他任何东西都不算。但并未得出的是，如果我拥有概念 CAT，我因此能够计算猫的集合体。同样，要知道每只羊都是羊，就要掌握某种深度的形而上学真理。但这并未隐含一个程序（一个算法；一个计算群体基数的"标准"）。

所能接触到的量词、变元、单称词项和类型谓词（sortal predicates）的常规考察，这将会大有裨益。初步估计，表征系统被承诺到那些个体，即它们量化其上的那些个体。相反，如果那个可用的表征系统不包括量词（或分类词或类似物），那么"这个符号表征哪些东西（多少东西）？"这个问题就没有正确答案了。（奎因不是说过类似的话吗？我希望他是这样说的；我很想稍作调整，找个受人尊敬的事儿来做。）当然，一张照片可以显示在草原上有三只长颈鹿；但它同样显示了一个长颈鹿家族（一个家庭）；奇数个的、奶奶最喜欢的生物；以及奶奶最喜欢的、稀奇古怪的生物；和一块草原上居住着任何一种或所有这些动物。毫无疑问，就如何解释这样一张照片的本体论而言，我们通常可以达成一致；我们这样做是根据我们目前手头上正在做的研究。但是，重要的是，"草原上的三只长颈鹿"这个话语符号具体化了一个与 THREE、GIRAFFES、IN 和 THE VELD 等概念相关的场景。更重要的是，缺乏这些概念的一个心灵不能将这个符号解读为表征三只长颈鹿在草原上（或解读为表征草原上的一个长颈鹿家族，或解读为表征草原上奇数个的长颈鹿等）。对比图标表征：当然，你能够在没有概念 GIRAFFE 的情况下看到三只长颈鹿在草原上。你也不需要 GIRAFFE 来拍摄一张有关草原上三只长颈鹿的照片；一个照相机和胶卷就足够了。（现在少了。）

　　同样（或多或少）："图标上的表征……"这种语境就像"看到……""描述……""指向……""拍照……"这样的语境。对于共外延的摹状词来说，它们都是透明的。但是，"话语性的表征……"就像"看作为……"和"描述为……"：它总是有一个不透明的解读（事实上，它通常更偏向这样的）。根据 RTM，这是因为：将某个东西看作 C，并将这个东西描述为 C，就像其他概念化行为一样，通过将所看到的东西包含在概念 C 下进行操作。这样，完全本着 RTM 的精神，"将 X 概念化为 C"和"述谓有关 X 的 C"是表达同一事物的两种方式。①

---

① 当然，除了"C"在第一个词中被使用，但只在第二个词中被提及。

6.7 简要回顾

我们从概念化表征和非概念化表征开始，然后换成话语表征和图标表
178 征。这使得我们可以将是否存在非概念化心理表征这个问题重新表述为是否
任何心理表征是图标的这个问题。然后，我们提出(因为它们缺乏逻辑形式)
图标表征没有为它们的解释域提供个体化原则。这导致了一个终极蜕变：
"是否存在非概念化的心理表征？"变成"是否存在表征和个体化都被分离的
(经验)现象？"如果存在，那么这就是非概念心理表征的初步证据。我们即
将看到这样的证据能够看上去是什么样子。但是，首先，快速考虑这样一个
先验的反对意见：许多哲学家似乎找到了令人信服的证据；确实找到了决定
性的证据。

"看看"，你可能会说(或者，无论如何，斯纳克可能会说)，不可能存
在表征和个体化都被分离的那种现象。因为，如果一个符号表征一个如此这
般的东西，它必须将它表征为某个东西或其他东西。可以说，并不存在这样
两种表征，即其中一种表征忽略了这一准则(因此是透明的)，另一种表征
遵守这一准则(因此是不透明的)。相反，我们通过从有关"表征……"的
某个或其他不透明解读中抽象出来而得到有关这种"表征……"的"透明"
解读；也就是说，通过忽略有关一个表征内容的一个具体化中的那个表征模
式。一个人可能解读这样一个断言：约翰相信法国国王是令人讨厌的，对此
存在两种方式的一种比较接近的类比：根据那种透明解读，正是这个归属
者，他对这个限定摹状词负责；根据那种不透明解读，正是约翰对这个限定
摹状词负责。(例如见布兰顿，2000；丹尼特，1982)然而，这是一种对信
念归属风格之间的不同，而不是一种对表征类型之间(或更重要的是，两种
相信之间)的不同。同样对于表征和表征为之间也存在那种假定的不同。表
征一个东西总是把它表征为这个或那个。但一个人拥有这样的选择，说某个
东西是被表征的，而不是费尽口舌地去说它被表征为什么东西。因此，在这
种讨论已经被假定的方式中，图标表征和话语表征不能有所不同；并且这种

不同不能够是后者（而不是前者）概念化，进而个体化它所表征的无论什么　179
东西。①

　　这种反对意见已经强加在了这个假设中：所有表征都蕴含表征为。但这
样做假设确实会回避我们正在讨论的问题；也就是说，某个心理表征是非概
念的这种可能性。这种表征要求概念化是被假定为这个论证的结论，而不是
前提；因此，我们不能理所当然地接受对两者之间一种不可分割关联的任意
一个的分析。就当前的目的而言，那么，如果我们能够想象，甚至大致地想
象，X 如何能够表征 Y，而无须表征 Y 为归入某个概念或其他概念，这就
足够了。② 根据目前的思路，这将是没有个体化的表征。

6.8　信息内容

　　我认为，实际上存在一个相当貌似合理的那种候选表征：X 表征 Y，在
某种程度上是，X 携带关于 Y 的信息，其中"携带关于……的信息"被解读
为透明的。如果是这样，那么也许将所给定的东西解释为某种信息，这会考
虑不是"在一个摹状词下"的表征，从而考虑非概念化表征（representing）。
特别是，这种论断将是：符号的个例标记通常携带我称之为"德雷斯基式的"　180
各种信息。（想想看，实际上其他任何东西也是如此。）并且，不同于"表征
为……"，"携带关于……的信息"，对于在"……"位置上共外延的置换，
是透明的。另一方面，一个解释者能够从一个符号的一个个例标记中恢复的

---

①　如果在图标符号情况下，相似是表征（如果相似本身不是描述相关的）的充分条件，这
　　将解释没有个体化如何能存在表征。但我不相信前概念表征与它们所表征的东西相似；我
　　想，参加这次讨论的其他人也不相信。或者，阐述（"这"和"那"）可能是那些无须概
　　念化的表征的实例，但是断言它们是这样实例的说法，却是非常有争议的。
②　斯纳克：你到底在说什么？
　　　　作者：要讨论的论题是，表征本身不需要预设对被表征东西个体化的那些原则；大致上，话
　　　　语表征是这样，而图标表征不是这样。因此，争论的情形是，如果你想反驳这一论
　　　　题，你不能想当然地认为表征事实上是概念化的；这会回避问题本质。这有用吗？
　　斯纳克：你真地认为会吗？

什么信息，取决于该解释者拥有可获得的什么概念。即使一张图画携带关于长颈鹿的信息，但只有拥有概念 GIRAFFE 的一个解释者能够看明白这幅图画携带信息（即能够把该图画看作正携带信息）。[①] 一个表征所包含的什么信息，并不取决于它是如何被解释的。但是，你从一个表征中能够恢复什么信息，（不仅取决于它所包含的什么信息，而且）还取决于你对它使用什么概念。这种所予是非概念化表征，其正在等待概念化。这与传统的经验论描述有很大的不同，传统的经验论描述认为，概念 X 是从作为有关 Xs 的经验中被获得的（大概是通过某种抽象过程）。鉴于与第 5 章中的讨论相关，在我看来，思考关于概念获得的那种方式似乎不可避免地是循环的，因此它不可能是正确的。

无论如何，正如我现在所说的，经验内容和信息内容是一样的，这不能够是正确的。你不能从有关家猫的经验中抽象出 "DOMESTIC FELINE"，除非你把它们当作是有关家猫经验；并且除非你在你的概念库拥有 DOMES-TIC FELINE，否则你不能这样做。把 X 当作是 F 和应用概念 F 到 X，这是同一件事的两种方式。我赞同一种完全不同的方式来思考关于概念和经验之间的关系。

这个观念是，在经验的知觉分析中概念的作用就是，从经验中恢复它所包含的信息。（我认为这是一种康德式观念。我认为康德会说，在一个经验的知觉分析中概念的功能就是提供有关该经验的一种 "综合规则"。但我想这可以是错误的。我对康德了解多少呢？）至少，这个观念很容易说明。这

---

① 在德雷斯基（1981）中，信息被分析为因果关系是被引入到语言哲学中的。我认为，这是一个巨大的进步。但是，与德雷斯基不同，我认为"携带信息"不是这一领域的基本观念；尤其是，我怀疑概念占有能够根据之而被理解。在某种程度上，这种分析应该是反过来进行的：哪些概念是可用来让解释者设置一个上限，以确定他可以从个例标记中恢复哪些信息。关键是，如果一个表征的个例标记携带关于 F 的信息，并且只有当它携带这样的信息时，拥有概念 F 的解释者才能恢复该信息。（"他可以是"而不是"他必须是"，因为所有形式的实用主义都要被回避，不应该被假定来理解一种表征类型隐能够解释它的个例标记：见第 2 章。）关键的是，如果一个表征携带关于 F 的信息，那么拥有概念 F 的一个解释者可以从该表征中恢复该信息。否则他就不能这么做。

是有关什么的一张图画呢?

　　放弃? 这是一张熊爬树的图画（当从这棵树的另一边看时）。① 如果你拥有一个概念 BEAR（和概念 TREE，等等），就像这样，你能够按照这个描述把这张图画放在一起。但如果你不这样做，你就不能这样放在一起。显然，你不能从遇到这种熊—图画（或者，经过必要的修改，从遇到相应的熊—经验中）中"抽象"出概念 BEAR。

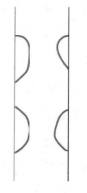

图6.1　这是什么?

182

　　嗯，因此，在将经验内容思考为信息内容方面，存在一些令人感兴趣的影响，除了目前最受关注的这个影响之外: 携带关于 X 信息这个观念似乎提供了一种表征 X（而无须表征其为任何东西）的方式; 因此，这个观念提供了一种方式，其符合我把它当作那种对一个前概念给定的丹尼特 / 布兰顿反对意见。但我还没有对这种处理方式进行一种详细的阐述，我也不能证明这种方法是可能的。这是否是另一个让我害怕的问题。因此，我继续进行条件化: 假定这种所予的信息解释考虑到有关不是表征为的那种表征（因此考虑到无须概念化的表征，因此考虑到无须个体化的表征），其经验问题就是，在认知心理学中，是否存在这种分离的经验证据。我认为有很多，并且种类繁多。被选出的例子如下。

6.9　"条目结果"

　　为了检验一个理论，你需要（过去被称为）"相互关联的定义"。这里有一个: 在其他条件相同的情况下，一个话语表征的"心理复杂性"（例如，存储或加工它所需的内存量）是个体数量的一个函数，并且它独立地具体化

---

① 我很感激莉拉·格莱特曼提出了这个非康德式的方式来阐述（我所认为的）一个康德式的观点。如果我没有记错的话，康德中没有多少笑话。

这些个体的属性。① 我称之为"条目结果"。

183 不妨考虑以下电话簿。它们具体化个体（它们的号码和地址）的属性，并且它们对这些个体和这些属性都是明确的。各种各样的事情随之而来：大城市的电话簿通常比小城市的电话簿大；它们更重，而且会占据更多的书架空间；在一本大电话簿中查找任意号码比在一本小电话簿中查找要花更长的时间；而且一本大书的内容比一本小书的内容更难记忆（甚至更难复制）；等等（当然，这些真事儿都是纯粹偶然的）。这一切都是因为电话簿中的那些表征是话语性的，因而是概念化的；相应地，它们的解释预先假定诸如 X's NAME IS 'X' 和 PHONE P HAS THE NUMBER N 这样概念的占有和应用。就像语句一样，这样的清单是话语表征的范例：一方面，它们展现出其内容的结果（对约翰来说，正是被清单列出的那个号码，你在查找他的号码后继续拨号）；另一方面，它们表现出有关它们所包含的条目数量的一个结果。

比较一下：一张有 60 只长颈鹿的照片在你的相册中（或屏幕上），这并不比一张有 6 只长颈鹿的照片占用更多空间。就这一点而言，它并不比一张没有长颈鹿的照片所占用的空间更多（就是你忘记取下镜头盖时拍的那张）。这些照片具有时间敏感性（因为非常旧的照片通常比非常新的照片更容易褪色，标记照片（token photographs）能够携带关于其年代感的信息）。但它们不是条目敏感的（item sensitive）。一般来说，有关许多 Xs 的照片并不比有关若干 Xs 的照片更复杂；例如，前者并不拥有比后者更多的构成成分。鉴于前面的讨论，这一点也不令人惊讶：图标表征并不个体化；它们并不表征个体为个体。更重要的是，关于它们的一切并不依赖于它们所表征的个体数量。

不过，我想强调的是，无法找到条目结果，这本身并不是对图标表征的致命一击；与经验推理一样，其他的解释不得不被排除在外。例如，包含在一个刺激排列中搜索一个条目（"沃尔多在哪里?"）的那些任务，可以敏感

---

① 那是，被列举（而不仅仅是量化）的那些个体和属性。事实上，"所有人是要死的"比"两个人是要死的"预示着更多人的死亡。但这些表征的相对复杂性在结果上并没有区别。

于这个刺激排列的规模大小，如果这个搜索被"并行"实施。因此，如果给定一个没有任何条目结果的搜索，那么有时人们不能够分辨出：是否这是因为它是有关一个图标表征的一个搜索，还是因为它是一个并行搜索。

另一方面，这种话语/图标区分，与并行/串行区分是正交的（orthogonal）：一些并行搜索包含一个排列中概念化那些条目，而另一些则不包含，经验证据可以区分这两者。例如，前者要求识别否定实例和肯定实例，而后者不要求这样。

一个简单的例子用来说明这一原理。想象一页纸被分成几个正方形，每一个正方形都包含一个随机分配的字母（一个"A"或一个"V"或一个"W"或其他）。假设你想在这一页上找到所有的 Ks。这个搜索能够是串行地被执行，也能够是并行地被执行，但是如果你通过串行搜索找到 Ks，你应该顺便获得大量关于否定条目的"附带"信息，并且（所有其他条件都相等的条件下）你应该能够至少识别其中的一些信息。（"这一页上有 Ms 吗？""是的，我想是这样的。"）与一个并行搜索相比较。采用一个与这个刺激排列规模大小相同的透明页，并以相同的方式将其划分到盒子里。在每个盒子里放一个"K"。将这个透明页放在这个刺激页面上，并读出每一个可识别的字母。你能够读出的所有条目就是 Ks。由于这些否定实例的身份没有在这种并行搜索中被注册（register），这个受试者不能够告诉你存在什么否定条目。（"存在 Zs 吗？""我没有任何线索。"）那么，关键不是说：这种条目结果是图标表征的试金石；相反，正是存在一系列相关的图标性指示物，而且没有原则上的理由说明：如果它们被放在一起，在特定的情况下，为什么它们不可能决定在合理的经验怀疑之外的这个问题。如果（回到前面的例子）你正在并行地数长颈鹿，没有理由说明为什么你数 6 只不应该比数 60 只花更长的时间。但是，因为通常都是这样的，所以可以肯定的是，你通常不会并行地计算长颈鹿的数量。

6.10 最后的一些事实

在知觉心理学文献中，我们能够找到展现图标性典型结果的一种表征模式标示吗？如果我们能够找到，那么卡片上的这种表征就是非概念化的，因此存在一种知觉所予。事实上，相关的例子是入门级认知科学教材中的惯用做法。其基本观念是，知觉信息在其从传感器表面（例如视网膜）上的表征到其在长时记忆中的表征这样的过程中，经历了若干种类的过程（通常以或多或少的串行序列）。这些过程中最早的一些是对被存储在一个"回声缓冲器"（EB）的表征上进行操作，[①]并且这些表征被广泛相信是图标的。它们假定的图标性的两个后果应该被强调，因为两者都表明了可能的实验研究。

第一，由于图标表征是非概念化的，它们在它们所表征的范围内并未个体化这些条目；因此 EB 中的表征不应该产生条目结果。第二，作为非概念化的图标表征不表达这样的属性，即这样的属性识别需要知觉推理。推理如同言说和思考一样，都是在同一个篮子里的；它们都预先假定概念化。因此，在视觉方面，这些图标记录了照片所具有的各种属性（二维形状、阴影、颜色，等等），而不是"对象"属性，比如是一只动物，或者更重要的是，是属于奶186 奶的一只猫。当然，你可以把一只猫看作一只属于奶奶的猫；但这要求概念化。目前的关键在于，一只猫（可以说）不能被给予作为一只属于奶奶的猫。

相应地，在听觉感知的情况下，回声缓冲区中的图标应该具体化声谱图中显示的各种属性：声音的频率、振幅以及持续时间，而并非声音是否是"勒里布里罗"的一种渲染。

你可能已经发现我陷入了"记录（register）"里，而无须告诉你这记录

---

① 不要与"短时记忆"混淆（这应该是概念化的，因此条目有限，除非允许复述）。不同于EB，乔治·米勒著名的"七个条目加或减二"被假定应用于 STM（米勒，1956）。这种解释上的问题部分是因为心理学文献中没有固定的术语，所以一个人只能糊里糊涂地进行。但是，EB 和 STM 是否真地是同一心理机制，还存在一个实质性的经验问题。我不会认为这个问题实际上已经被解决，但就目前的目的而言，我会假定它们并不是同一心理机制。

是什么意思。好吧，大概来说，对于一个表征来说，记录 a 是 F，就是包含关于 a 是 X 的德雷斯基式信息。特别是，如同"包含德雷斯基式信息"一样，"记录"对于其等同物（identicals）的替换是透明的。如果 a 包含关于 e1 的德雷斯基式信息，并且 e1=e2，那么 a 包含关于 e2 的信息。同样，如果 a 记录了关于 e1 的信息，并且 e1=e2，那么 a 记录了 e2。[①] 再者，即使你并不拥有概念 F，记录 a 是 F 这种德雷斯基式信息，这也是可能的。（如果你假定你能够拥有如同有关红色的一个经验而无须拥有概念 RED，那么你就会得到有关德雷斯基式信息记录的一个貌似合理的实例。）

斯纳克：哎呀！

作者：就这样吧。

记录和感知之间还存在两个不同之处。第一，一个表征标记能够携带关于任何东西的信息，但在其哪些属性能够被记录方面还存在诸多限制；只有那些"感觉的"或"传感器可探测的"属性能够（见上文）被记录；一个心灵只能够记录诸如其拥有传感机制这样的属性。

斯纳克：请问，一个传感器是什么呢？

作者：我想着你会问的。这里有一种思考它的方式：　　　　　　　187

> 计算（例如，像思考一样）将心理表征转化为其他心理表征。转导（transduction）（例如，像记录碰撞着的红性一样）将环境能量转化为心理表征。在通常情况下（除了幻觉之类的情况）知觉整合始于感觉信息的记录。如果没有传感器，知觉就无法启动。会这样吗？

斯纳克：不会。

作者：好吧，我言归正传。

知觉和记录的第二个不同之处在于：作为未概念化的，这些记录不能表达其探测需要推理的那些属性。（推理需要前提和结论，并且前提和结论本

---

①　对于变量涵盖的范围，我坚持我一贯的冷静公正。为了解释的目的，让它成为事件吧；但是你不能问我这些事件是什么。

身是被概念化的；而根据假设，记录不是被概念化的。）

　　考虑到所有这些，我们现在可以回到这个问题，即对于知觉中的非概念化表征，是否存在明显证据（也就是说，刺激属性的记录是否存在明显证据）？让我们从仅仅通过构建直觉的一件小事儿开始。这样：在这里，我坐在键盘前，正在努力钻研《心灵和语言》（或无论其他什么）中的一段文字；此刻，我在一个分号和一个逗号之间摇摆不定。闹钟开始响了。这个闹钟响着："叮叮，叮叮，叮叮"。起初我没有理会，但后来它还是引起了我的注意。"我想应该是到点了"，我对自己说（我习惯用一种格鲁吉亚语的猪称呼自己）。接下来发生的事情才是有趣的地方：我开始数钟声，包括那些我以前没有注意到的钟声。引人注目的是（所以，无论如何，现象学是这样的），这并不是我对自己说："到目前为止，已经响过三次叮叮声了，因此我现在正听到的是第四次叮叮声"；相反，我数着以前没有注意到的钟声次数，我对自己说："一个叮叮声，两个叮叮声，三个叮叮声"，从而把每个

188　钟声都归入这类概念 CHIME。接下来还有四个叮叮声，我把它们加起来，得到总数。我想："一定是 6∶30 了"（大厅里的时钟快半个小时）。[①] 鉴于这样的观察，一个心理学家很可能想考虑，作为一个起作用的假说，存在一个短暂的间隔，在此期间（大概是图标的）有关这种叮叮闹钟声的一个非概念化表征在 EB 中被持有。请注意，一个人做这个戏法的能力是有时限的；它或许只持续一两秒钟，所以你不能把昨天听到的、未被关注的（unattended）钟声算进去。在临界区间内，你可以随意地对这种闹钟声进行概念化（因此进行个体化，因此进行计数）。在那之后，这种痕迹消失了，你也失去了相关机会。我认为，这个心理学家把这一切归结为这个起

---

① 我很高兴地报告，有（传闻）证据表明，我的闹钟并不是唯一这样工作的东西："（莫莉）发现很难注意到善良的菲比小姐没完没了地唠叨。然而，当这个声音停止时，她就知道了一个时刻点；以一种机械的方式，她能够回忆起最后几个词的回声，那是……从莫莉耳边萦绕的临终口音中，她意识到这是一个问题"（伊丽莎白·盖斯克尔，《妻子和女儿》，1866）。

作用的假说是恰当的。

表面上的反对意见："显然，在那个缓存区上存在一个条目限制（an item limit on the buffer）。你也许能倒数两三次闹钟声，但我打赌你不能数十七次"。第一个回复（顺便说一下）："时间结果能够模拟条目结果，所以它们必须被加以控制。假设 EB 中的表征持续三秒，并且它使得这个闹钟报时四次需要四秒。然后，你将'丢失'序列中的第一个闹钟声，在你记录第四次闹钟声之前。然而，这并不是在 EB 中能被记录的刺激条目数量的一个结果；它只是这个输入的时间长度和这个缓存区的时间容量之间的一种相互作用。"第二个回复（更有趣）："这不是因为这个缓存区是受条目限制的，其中你不能计数十七次闹钟声；这是因为计数涉及个体化，而个体化要求概念化，并相对貌似合理的是，概念化是价值不菲的。"

实际上有数据表明，第二个回复是正确的判断。它们来自乔治·斯佩林（1960）的一系列当之无愧的著名实验。斯佩林的发现比我总结得更丰富，但它们支持一种普遍的现象学直觉："当由多个字母组成的复杂刺激被快速呈现时，观察者们神秘地坚持认为，他们看到的比他们事后能记住的更多，即［他们所能］比事后报告的要多"（p.1）。在实验中，"当这种物理刺激并不显现时（也就是说，在它已被移除之后），这个观察者会保持仿佛这种物理刺激仍是显现一样而有所行动，并且……当这个刺激在它的显现中的时候，在其不显现情况下这个观察者的行为仍然是视觉刺激相同变量的一个函项"（p.2）。这个实验结果表明，当刺激被关闭后予以询问时，尽管 S 只能报告他所看到的字母中的 3 个，但他能够报告任意 3 个字母。因此，似乎存在可用于视觉刺激短暂记录的一种记忆，其记忆容量至少比该受试者报告的记忆容量大得多。请注意，这种记忆中的那些条目必须具有某些或其他类型的内容；这需要解释为什么 S 的报告往往是准确的，而不是偶然的。①

① 在基本的"部分报告"实验中，S 接收一个字母数字矩阵的短暂视觉曝光。在一个受控的时间间隔后，S 被提示要报告这些条目的位置（"最顶行""中间行"等）。平均而言，S 能够从至少 12 个刺激的矩阵中报告任何 3 个被提示条目。当被要求回忆他能记住的所

关于斯佩林实验结果的另一个观察特别有趣，因为我们承诺了 EB 中的表征并不被概念化：当这些被回忆的条目按类别（"报告这些数目，但忽略这些字母"）被划分时，斯佩林的"部分报告"结果是无法被找到的。这有力地表明 EB 中的表征确实是前概念（preconceptual）的。你能够仅仅报告一个"A"标记作为一个字母个例标记，如果你已经将其归类为一个字母个例标记。因此，如果这种"所予"是拥有内容但未被概念化的那些东西，那么到目前为止，EB 中的图标表征符合这种所予，这貌似合理。但我确实想强调"到目前为止"的部分。刚刚提出的论证是经验的；它表明在知觉中

190 存在图标表征，但它确实没有阐明存在这种情况。这样的阐明比表明要好得多；它们的置信水平要高得多。但没有一个支持或反对这种所予的证据，未来也不会有。我认为，在天地（或其他任何地方）间，相比较于哲学家所想的而言，这种先验较少。另一方面，我也想强调的是，斯佩林的研究，虽然特别优雅，但只是风中的一根稻草。当你知道去哪里看的时候，无须条目结果，有关内容的结果也实际上很容易被找到。[①] 我会提到另一个例子，因为它明显说明了这一点。

贝拉·朱尔斯和他的同事研究了有关计算机生成显示的感知符合成双成对的视觉刺激，每一对视觉刺激都由一组点组成，它们都是相同的，除了一个刺激上的一些点从另一个刺激上的位置稍微偏移之外。在立体呈现的条件下（一对的一个成员被呈现到每只眼睛上），这样的刺激会产生一种强大的三维错觉。包含这些偏移点的区域似乎来自一个共享背景。

从我们的观点来看，有几个考虑因素是密切相关的。首先，这些点的位移必须以某种方式由该被试对这个刺激的感觉表征来记录。毕竟，这种感觉表征是关于对该被试所看到东西有所影响的那个刺激的唯一信息。特别是，

有条目时，12 个刺激比 S 能报告的要多得多。

① 斯佩林在评估一个视觉图标能包含多少信息时非常保守。但他确实评论道："似乎可能的是，在这些实验中被观察到的 40 比特信息容量受到该刺激中少量信息的限制，而不是受到观察者能力的限制。（1960: 27）"

该被试并不拥有关于这个刺激的相关背景信念，其中该刺激类型是有关深度错觉的一种"自上而下"说明可能诉诸的那种类型。（事实上，测试深度知觉的自上而下的说明是朱尔斯对随机点刺激实验的主要兴趣所在。）因此，如果 S 的经验无法保存一些点已被移位的信息，那么就不会有立体视觉的任何错觉。为了产生这种错觉，一个视觉系统必须将左眼刺激排列的表征与右眼刺激排列的表征进行比较，并以某种方式确定哪些点已被移动。不言而喻，这些来来回回的东西完全是亚人的。

191

关于朱尔斯错觉是如何起作用的，我就不赘述了；这很复杂，我认为只在每次隔周的周二才能理解它。重要的是，检测这种位移的机制不可能获得每个数组中有关那些点的位置列表。再者，一个条目结果的缺失是一个相关的考虑因素。你可以用成千上万个点的排列获得这种立体错觉。因此，需要记录和处理信息的数量，以便通过比较这些列表来估计位移的情况，但这种数量太大而不可行。（事实上，在一个大范围内，这些点越少，就越难获得这种错觉；将点的数量减少到某个阈值以下，就会导致这种结果消失。）所发生的情况显然是，这种位移是通过从两只眼睛中的每一只眼睛的图标表征来计算的。这大概是因为这些表征是图标的，而不是话语的，视网膜图像之间的光学关系是产生这种错觉的关键之所在。①

在文献中还有许多其他的实验结果，这些结果表明了我在这里所得出的许多结论与之相同；但也许我所引用的内容可以使人们对此有所了解。

6.11 结 论

我认为，很可能存在一个知觉所予（a perceptual given）。无论如何，这个问题似乎是经验的；找寻其是否存在，这与哲学家无关。另一方面，这些实验结果应该引起这样的哲学家关注，他们先验地认为，不能存在一个所

192

---

① 如果你用眼睛适当交叉着看朱尔斯图案，就能从它们中得到立体效果。如果被比较的是列表，那么到底为什么应该这样呢？

予，因为所有的内容都必须被概念化，这是先验的。这样的哲学家现在需要对我所提出的各种经验结果给出另外不同的解释。对此我没有太多的指望。

但是，以任何其他方式，是否存在一个所予，这在哲学上重要吗？尤其是，这对认识论重要吗？我提供了两个认识论反思。

6.11.1　第一个认识论反思

如果所给予的东西被认为是基于知觉判断的，如同在认识论基础主义视角中一样，那么它就必须是非推理的和内省的；前者是为了避免这种根基的一种后退（a regress of grounding），后者是为了使一个人的经验内容应该用于对其知觉信念的辩护。但是，这个经验证据非常有力地表明，不存在任何心理学上同时满足这两种条件的心理表征之真实水平。事实上，明显的是，能够被内省的东西总是亚人和概括推理的产物，相反，那些未被推理的、貌似合理的一个代表物（例如在 EB 中的表征）几乎永远无法内省。因此，例如，据我所知，这些知觉传递只有在知觉恒常性操作之后才能被该感知者所获得，这一点毫无例外；因此，看起来是圆的那种椭圆板、因环境光线变化而被感知的颜色"校正"、视网膜大小对明显尺寸的预测失败，等等，这些都是我们熟悉的一长串例子。而且（我认为毫无例外）所有类型的 CTM 都将知觉恒常性视为亚人推理产物的范例；也就是说，它们隐含展现出恒常性结果是被推理的那些心理表征。简而言之，被给予的东西可能是给知觉信念提供基础的东西，这并不是经验上貌似合理的。既然如此，一个基础主义认识论者有两种选择：要么忽视知觉心理学，要么不再是一个基础主义认识论者。

有时我想知道，是否我们的认识论已经完全赶上了心理学中的弗洛伊德式革命。有各种各样的证据表明，在日常知觉信念的因果匹配中所涉及的大量推理是无意识的，因此对于该推理者的报告来说是不可用的；特别是，要么辩护我们知觉判断的东西在内省上是不可用的，要么我们大多数知觉信念是不被辩护的。我不清楚这些认识论中选择哪一种（就像人们常说的，从世界历史的角度来看）很重要。

6.11.2 第二个认识论反思

经常被提到的是，尤其在塞拉斯传统中的哲学家（比如布兰顿、麦克道尔以及在其一些情绪性表达中的戴维森）认为：这种所予不能够成为知觉判断的依据，因为辩护是内容之间的一种关系，并且其本身未被概念化的任何东西并不拥有任何内容。可怕的后果是，心理学与辩护认识论的这种分离（正如麦克道尔所说，"理由域"与"原因域"的分离）。特别是，心理学家所寻求的对知觉判断的那种因果解释，充其量只能提供"我们想要辩护的那些辩解"。这是一个出了名的长久未决问题；但我确实讨厌这样的先验论证，即认为如此这般的话语不能被自然化；"域"的谈论使我毛骨悚然。所以，在这个问题上，我忍不住要讲几点。

第一点是，知觉信念辩护的讨论不必理所当然地认为：可用于知觉辩护的所有知觉内容本身是被概念化的。我假定，倘若信念内容是唯一存在的那种内容，那么这样假定就会是安全的；因为信念本身是概念化的，这是貌似合理的。但是正如我曾一直在论证的那样，如果对前概念表征、图标表征来说存在一个貌似合理情况的话，辩护是这些表征内容之间的一种关系，这种常理并不蕴含：辩护是概念化表征之间的一种关系。

因此，这个需要解决的认识论问题就是，是否一个非概念化表征内容可能是那些奠基一个知觉判断的数据（例如，使之成为理性的）。好吧，如果我明白为什么不可能这样，那我会被谴责的。一张草原上有三只长颈鹿的图画携带了关于草原上有三只长颈鹿的信息。（当然，它还携带了各种其他信息。但那又怎样？）拥有概念 GIRAFFE，THREE，VELD 等的某个人（而且只有拥有这些概念的某个人）在某种程度上处于一个位置来从这张图画中恢复此信息；他相信有三只长颈鹿的理由可以是，这张图画显示了其中的三只长颈鹿，并且他看到确实如此。注意，他的理由，不是他纯粹的开脱。在我看来，这一切都不会受到判断需要概念化这一考虑的威胁。

194

当然，非概念化图标表征如何（例如，通过什么计算过程）可能被"聚集到一个概念下"这个问题是非常困难的；对于实践上的任何有趣案例来说，这个答案都是未知的。在看待我一直试图说服你们的有关事物方式上，这是知觉心理学的很大一部分内容。但是，据我所知，没有任何迹象表明这个问题在原则上是无法回答的。当然，实用主义无论何时何地都是错误的，因此，如果存在经验概念化的规则，那么它们就不能是先验的（或者，无论如何，它们不能是语义的）。例如，对于识别长颈鹿来说，不存在任何"标准"。因此，我所追求的是康德观点的一个视角，即概念综合了知觉中被给予的东西，其中这种知觉无须采用康德的实用主义（或者，其他任何人的实用主义）。

我以一个简短的方法论说明来结束本章。我不明白这种知觉认识论如何能够轻而易举地忽略知觉如何运作这样的经验问题。一般来说，辩护一个信念不能要求一个思考者做这做那，除非这个思考者拥有能够做这做那的那种心灵。这种辩护不能够要求他内省地通达有关其信念的那些非推理的、前概念的根基（grounds），除非他拥有能够内省地通达那些根基的心灵。我已经听说过的是，知觉实际上是如何运作的，这对认识论者来说并不重要，因为他们的研究是规范性的，而不是描述性的。但是，一个人如何能够受到其在法理必然性上无法满足的那些规范的约束呢？而对于那些不能约束我们的规范，甚至对认识论者来说，那又有什么可想象的兴趣呢？

指称的形而上学

　　唯有物质具有因果力。我确实不知道这意味着什么，但根本的形而上学直觉也许足够清晰来继续思考：进入因果交互的任何东西都是由基础物理学涉及的那种东西所构成的。称这为"物理主义"论题（Physicalist thesis，PT）；我假定当一个人把基础物理学说成是基础时，这至少是他心中所想的一部分。① 起码自卢克莱修以来，科学发展一直是这个物理主义论题推动的。与我的许多同事不同，我认为 PT 在科学实践的先验方法论约束方面发挥作用；"先验"是这样意义上的：无法符合 PT 的任何理论，在其程度上都被算作是未被确证的。这特别适用于意向心理学：唯有物质能够思考。如果我相信隐含定义及其类似物，我会说，这个物理主义论题部分地定义了我们迄今为止逐渐理解之的科学事业。但我不相信，所以我也不会说。②

　　现在，这本书的主要目标是帮助科学从常识意向心理学（我一生的工

---

① 当然，基础物理学是一个不断进步的目标；自从卢克雷修斯提出原子和虚空以来，我们对物质世界是由什么组成的评价也发生了很大的变化。毫无疑问，在我们完成之前，它还会有更大的变化。然而，这并没有使物理主义论题变得空洞，也没有给未来科学的本体论开一张空头支票。例如，PT 蕴含着存在一种独特的基础科学（实际上，具体科学是按照某种等级排列的，这种说法已经有了貌似合理的证据），并且它要求基础科学的本体论如何决定所有其他科学的本体论。这些都不是不言自明的，甚至可能都不是真的。

② 我猜 PT 的真正含义，是一个先验的综合：原则上，它是在经验压力下会发生变化的话题，但事实上，它在经验理论建构中是被普遍预设的。

197 作，我假定，如果不包括喂猫的话）中脱离。所以，我最好谈谈哲学家们所谓的意向心理学"自然化"的事儿。（为了目前的目的，一门自然化的心理学，无论是有意向的还是其他的，只是与物理主义论题 PT 相适应的一门心理学。）

从物理主义论题的角度来看，使得意向心理学有问题的，当然是它对意向状态和过程的承诺；也就是说，这些状态和过程是既被赋予具有因果力，又对在其真值、指称、关于性、内容及其类似物方面的语义赋值产生影响。不明显的是，具有这类属性的某个东西能够完全由基础物理学本体论所承认的那类东西所构成。①

但是，尽管它有一个貌似合理的中心性主张，但实际上无论是在哲学文献还是认知科学中，PT 目前都没有得到切实讨论。在认知科学中没有被讨论，因为在绝大多数心理学家的内心深处，他们认为谈论真是不科学的（不是说粗俗的），并且他们已经知道如何来自然化指称。也就是说，它被证明是某种联结，或者在观念之间，或者在观念与这个世界之间（在对此有所讨论的心理学家是行为主义者的情况下，或者在刺激和反应之间）；不难想象能形成这些联结的一台机器。想象这样的机器就是联结主义者所赖以为生的工作。

在具有讽刺意味的比较中，至少自维特根斯坦灾难以来，哲学家们并不太担心自然化意向心理学，因为他们认为这是不可能的。（这是当代"分析"

198 哲学的主流偏离经验主义理论化历史主流的重要方式之一。）使得意向心理学自然化不可能的是，大致上，首先语义内容存在于公共语言的表达中，②

---

① 想想看，还不完全清楚的是，任何中等大小的对象（群山或台风，更不用说卷心菜或国王）真地完全由基础物理学本体论准备承认的那种东西所构成。但是意向心理学尤其令人担忧，因为（大概）没有其他具体科学援引语义／意向属性作为其解释工具的一部分。大概我们不需要真值、指称、内容以及类似物等观念来讲述关于群山、台风甚至卷心菜的科学故事。然而，国王似乎是另一回事。简言之，可以想象的是，除了意向的／语义的状态和过程以外的一切都是物质的。心理学的自然主义明摆着反对这种可能性。

② 或者，也许，在言语行为中，这种表达是用来表现的；这种区别对于现在的目的并不重要。

并且它们的形而上学本质上是与惯例、规范及其类似物有关的。既然惯例、规范及其类似物本身顶多听起来与意向性密切相关，那么将物理主义论题（PT）应用于意向解释就只能产生循环。这种说法的关键在于，或者意向解释构成了一个"自治的"的谈论范围，或者它们仅仅是最终被明显关于大脑的谈论所取代的那种说话方式。在这两种情况下，意向心理学都不可能是地形学意义上的一门科学。[①]

这种并不令人吃惊的思维方式的结果是，即使按照通常的标准，人们对这片森林的地理位置也知之甚少。甚至令人沮丧的是，我们并不清楚：有关意向属性/语义属性的一个成功自然化将不得不解决什么问题。既然如此，我认为除了假定很多东西外，没有办法继续下去，除非这些假定是正确的，否则我要说的关于意向属性/语义属性自然化不太可能引起人们多大的兴趣。嗯，好吧。

一些假设。

1. 首先，我假设，根据前几章所述，思维语义学先于语言语义学。因此，例如，一个英语语句所意味的东西是由它用来表达的那个思想的内容所决定的，而且相当详尽。相应蕴涵的是，语义学本质上是有关思想的一个理论，我认为这些思想的内容不是由规范和惯例决定的。英语很可能没有语义学，尽管表面上与之相反。

2. 我假设指称是组合的；一个复杂表达式的指称是来自它的各部分的那些指称物的一种构造。（事实上，一些更强烈的东西；指称是反向组合的：见福多和勒伯，2002。）

3. 我假设，按照前几章所述，指称主义为真。自然化意义、含义及其类似物，这是没有任何问题的，因为根本不存在任何这样的东西。[②]

199

---

① 或许地形学也是一门科学，除了基础物理学，实际上没有其他科学。众所周知，人们都这么说。这真是奇谈怪论。

② 这就为"逻辑"表达式语义学留下了空间：联结词、量词等。至于它的价值，我倾向于认为"and"是由它的真值表定义的（而不是，例如，由它的"推理作用"定义的）。我

4. 我假设有两种指称：对个体的指称和对属性的指称。这意味着，从句法的角度来看，指称的工具是详尽的单称词项和谓项。

5. 我假设某种类型的指称因果理论为真，对于谓项和单称词项来说。[①] 剩下的问题就是："哪种类型？"本章的其余部分断言：一些最重要的标准论证，其旨在表明不能存在一种因果指称理论，是不可靠的。(对此如果我是对的，那么也许一个人应该在语言哲学和 / 或心灵哲学中停止假定这样的观点：自然化不是可能的。)

200
6. 我假设自然化指称问题的关键在于，提供一种知觉表征理论。这样的范式很可能是现在时态指示词思想（思考：那是一只猫）。在掌握了大量的知觉指称例子之后，接下来的描述可能会诉诸某种或其他类型的限定摹状词来匹配有关心理语言词项的那种指称，其中这些心理语言词项并不出现在现在时态的知觉思想中（发出研磨声音的原因；我昨天在厨房看到的那个人；等等）。

　斯纳克："骗子，骗子 | 爱撒谎的人（Pumpkin eater）。"

　　作者：真的，斯纳克；在你这个年纪。而且与如此可敬的一位出版商合作。

　斯纳克：对不起，说漏嘴了。但我以为你说几乎不存在任何定义。

　　作者：我也以为我这么说过。

　斯纳克：那么，请告诉我，从（凭假定）足够丰富来指称当前知觉对象的（一些？许多？无论什么？）那些东西的一个词

不认为这个观点承诺了一种循环，但我不会试图说服你。

① 当然，假定这有助于物理主义理论（PT）；但是还有另外一个更狭隘的原因说明为什么对 LOT 语义学有一个因果说明是很好的。有人多次提出反对 LOT 的一个论证（事实上，反对 RTM 的这种论证），如果要有意义，心理语言公式本身需要一个内在解释者。这种直接影响是一个巨大的倒退，这不是一个好的想法。在过去的几十年里，这种论证思路被证明是非常有弹性的；它经历了多次否定但仍幸存下来了。然而，显然，如果一个心理表征的内容不是由其解释的结果决定，而是由它与世界上事物的因果关系决定，那么这种观点就被否定了。

汇，到对于指称不是当前知觉对象的那些东西来说充分的一个词汇，你是如何得到的？告诉我这些。继续。我等不及了。

作者：假设 E 是后一类词汇中的一种表达式。你说得很对，我不能假定它在前一类词汇中有一个定义。鉴于我所说的话，我不能假定它具有任何定义。但是如果根据一个词项的因果锁定到其指称物，指称的形而上学要被理解，那么我就不需要这么做。我所需要的只是知觉词汇中的某个东西，我可以用来建立这种锁定。例如，它可能是有关 E 的指称物的一个限定摹状词，即（正如一个人所说的）它是"严格的（rigid）"。[1] 如果是这样的话，那么从定义上讲，这不是有关 E 的一个定义。

201

事实上，想想看，把 E 锁定在其指称物上的东西甚至不需要一个有关 E 的指称物为真的摹状词。非常普遍地被认识到的是，新的表达式能够由摹状词引入，其中这些摹状词在有关它们的指称物方面为假。（特别参见唐纳兰，1972。）我的猜测是，这种事情一直有发生。尤其是，我的猜测是，这类事情是我们对于跨理论指称能力的核心之所在。它解释了为什么我能够用我的理论词汇来批评你在你的理论词汇中所作的断言，即使（就像往常一样）我们的理论实际上都不为真。如果缺少这样的安排，我无法想象你能做科学研究，或者做其他更多的事情也是如此。这是你从这样的观点中所能得到的（至少，这是我所能看到的），即一个理论词项的语义学不得不被相对化于一个词项所在的那个理论（无论是以库恩的方式，还是以拉姆齐的方式）。很好。语义相对主义为假，除此之外，它还是一种有害的和不道德的学说，我甚至不希望它出现在蛇身上。[2]

---

[1] 对此及相关观念，见索姆斯（2002）。
[2] 福多在这里是有双关表达的。snark 还可以看作前面与作者对话的那个"Snark"——译者注。

好了，因此我作了这六个假设，[①] 所有这些（也许除了最后一个，它在经验论传统中是松散的[②]）都是有倾向性的（tendentious）。其中一些非常有倾向性。就这样吧。在所有这些都有效的情况下，我们转向本章的主要内容，即考虑构建一个自然化的指称因果理论前景。据我所知，对该研究有三个初步的反对意见，它们分别地和共同地使得许多人也许大多数哲学家相信这是一条死胡同；可能还有其他的，但这些都是图标性的。

第一个我已经提到的；也就是，有关内容（包括指称内容）的那种假定基础性存在于规范、惯例及其类似物的一种形而上学。它表明，一般来说，指称的一种因果说明将以意向性的自然化为前提，尽管在原则上也许这并非不可能，但也不可能在以后会被实现。无论如何，我感兴趣的是这样一个观点，有关内容的自然主义形而上学从指称到因果关系的还原，发展到有关意向的／语义的东西之一种普通自然主义处理；如果是这样的话，前者不必以后者为前提。

第二个常见的担忧不包括指称的一般自然主义理论，但包括指称的具体因果理论。它关注一系列有关这样的问题：如果指称是一种因果关系，那么思考或谈论除了一个人的思想或表述的当前原因之外的任何事情，这如何可能？这里的这种范式是，我将称之为"原生个例标记"问题（其中臭名昭著的"析取问题"是一个特例）。

最后，存在一个"哪一个链接"问题：如果指称物以某种方式是指称它们的那些话语／思想的原因，那么前者中的每一个都必须属于一个事件链，

---

① 斯纳克：你不觉得那太多了吗？

　作者：如果我能想出任何有用的办法，我会做出更多。既然我必须从某个地方开始，那就不妨从离我要去的地方比较近的位置开始。

② 不过，这种相似性非常明显。我并不断言知觉圈内的词汇足够丰富，足以定义知觉圈外的词汇，也不是说它仅限于表达"感觉"属性的词汇（不管这些属性到底是什么），或者说它在认识论上有任何特权。我一点都不相信，你也不应该相信。圈内的词汇只是你从妈妈那里学到的那种东西，比如"那是一只鸭子，亲爱的"。不过，如果我所说的是对的，那么经验主义者的观点，即关于知觉的事实在概念获得中起着特殊的作用，就有一定道理。让我们都赞美知名人士吧。

其结果就在后者之一的那个个例标记中。但是，因果链在两个方向上（大概）无限延伸。因此，问题就来了，是什么决定了这样一个事件链中哪一个链接就是该思想或话语的那个指称物？

我不会为这些担忧而打扰你，只是这本书的方案在于，来帮助使得可敬的科学脱离内容，并且我确实认为（见引言）自然主义是一门科学的可敬性所存在之处的一部分。既然如此，如果反对指称到因果关系的还原之初步论证，对此有初步的答复，我会感觉更好，也睡得更香。

203

7.1 规范性

每个人都在继续谈论规范。牛发出声音"哞！"，哲学家说出"规范！"。大致来说，这个观念是，符号的内容来自控制其使用的惯例，从而决定了正是什么来正确使用它们。因为因果关系本身既不正确也不错误，所以内容不能还原为因果关系；这一点尤其适用于指称的内容。

但是，尽管这一思路在分析哲学文献中无处不在（参见维特根斯坦、塞拉斯、戴维森、丹尼特、布兰顿等），我们仍可以安全地忽略它。无论好坏，我们都承诺 LOT；而 LOT，虽然是一个表征系统，但它不是任何人都使用的一个表征系统，无论正确与否。一个人不使用思想，他只是拥有它们。拥有思想不是你所做的事情；它正是发生在你身上的事情。存在言语行动（可能）；但不存在任何思维行动，等等。这些都是大致相同的说法；它们是这样一种观点的重要组成部分，即 LOT 是一个表征系统，这种表征系统协调思维，而不是协调交流。

> 斯纳克：难道这不能使 LOT 成为一种私人语言吗？维特根斯坦不是证明了不可能有这样的东西吗？
>
> 作者：我认为，维特根斯坦通过私人语言所意指的是，一种指称物，其表达式在认识论上仅仅是它的使用者可接触的；当然，LOT 不是其中之一；我们使用概念 COW 来思考牛；

204

牛是公共对象。然而，如果维特根斯坦确实使用"私人语言"来表示像 LOT 这样的东西，那么我无法想象他对这些有什么不满。对我来说，它们都很好。

7.2 "原生标记和析取问题"

在一个漆黑的夜晚，约翰恍惚中把一只大猫误认为一头小牛。他想，也许那里是有一头小牛。因此，他拥有的这个思想是，除其他外，有关他把某个东西思考为一头牛的一个实例。尤其是，这个思想并不是有关他把某个东西思考为一只猫或者一个猫或牛的一个实例。[①] 或者，在做关于牛的一个白日梦的过程中，约翰拥有了关于猫的一个思想；因此，关于猫的一个思想是由关于牛的一个思想所引起的，但猫和牛都不是两者的原因。如果指称还原为因果关系，这如何可能呢？

关于"原生标记"问题，我没有太多要说的，我也没有在其他地方说过。以下是一种基本想法（有关大量讨论，见福多，1990；洛瓦和雷，1991）：假定，如果约翰正在指称任何一个东西，那么他就正在指称引起他的思想的某个东西；当然，由一只猫所引起的所有东西事实上都是由一个牛或猫所引起的。这样就出现了析取问题。但是（因此我认为）在约翰正在把一只猫思考为一个牛或猫的情况和约翰正在把一只猫思考为是一头牛的情况之间存在差异。这存在于这样的反事实情况中：约翰不可能已经把一只猫思考为一个牛或猫，除非他已经能把它思考为一只猫，并且已经能把它思考为一头牛。但这并不是相反的情况：能够把一头牛思考为一头牛或者思考为一只猫，这

---

① 如果你是那种相信宽容是解释的构成成分的哲学家，这种例子尤其令人恼火。因为，在被想象的情况下，把约翰解释为指称一个牛或猫比把他解释为指称一只猫更能使他的思想为真，似乎可宽容解释会是错误的。没有任何指称因果理论能够解决原生标记问题，这样的主张与没有任何指称因果理论能够提供对假断言或假信念的充分说明这样的主张之间有着密切的联系。

并不要求能够把一头牛思考为一个牛或猫。因此，能够思考关于牛或猫，正如我有时所说，"非对称地依赖于"能够思考关于牛和能够思考关于猫。由于反事实情况中的这种差异（由此我进一步断定），毕竟，一个内容因果理论能够接纳我们关于约翰的思想内容的直觉：既然约翰（错误地）运用于一只猫的那个概念是，即使他并未拥有概念 CAT，他也能够拥有的那个概念，那么它一定是约翰与那只猫的相遇所引起他接受的概念 COW 的一个标记，而不是概念 COW-OR-CAT。这样，一切都很好。（除非我犯了错。这是完全有可能的。）

假设这种处理方式确实捕捉到了我们关于约翰的直觉。问题仍然是，它是否对原生标记起作用。我有我的怀疑，但我不会把它们强加给你。正如一个人所说，这需要进一步研究。然而，如果我关于约翰的看法是正确的，那似乎会对已经普遍认为反对这样理论的一种坚实论证产生阴影；也就是说，这些理论不能（事实上，显然不能）提供一个说明，即说明正是什么东西来言说或者思考某个东西为假（来误用一个概念，等等）。我认为，既然不可能存在这样一个东西作为一个错误原因，同样也不可能存在这样一个东西作为一个错误的因果理论，对此的论证就仅仅是一个谬误。而且，请注意，虽然"弄错""不正确"甚至"假的"确实是规范的概念，但我所提出的对析取问题的处理方式仍然并不引发这些规范，或者其他规范。

7.3　因果链中的哪个链接

一个知觉思想的任何一个实例都出现在一个因果链的一端，这是共识。如果这样一个思想根本上有所指称，那么，如果这样的指称因果理论为真，我们必须假定：这个思想所指称的东西是在这样一个原因链中的某一或其他的链接。问题是：哪个链接？

将一个人关于猫的思想因果地关联于猫，这样的事件结果通常包括，例如，一个人的大脑皮层以各种有趣的方式变得活跃。现在，如果这是一个

205

自然化的理论的代价，一个人可能会在紧要关头准备好忍受一点语义不确
206 定性。但是"存在一只猫"指称一只猫，而不是指称一个大脑皮层；如果这
不是共同点，那还有什么共同点呢？更糟糕的是：据我所知，导致我的CAT
标记之一的那个因果链一直追溯到宇宙大爆炸；据我所知，存在过的每一个
因果链都一直追溯到大爆炸。如果是这样的话，似乎没有任何因果理论能够
排除：大爆炸是任何人都曾思考关于的所有东西。但是，可以肯定的是，没
有人一直在思考关于大爆炸；甚至连伍迪·艾伦也没有。必须做点事情了。

在这里，我们开始使用这样一种假定，即我们不得不处理的核心情况是
知觉思想（或多或少等同于，它们是阐述性思想，因为，我想，在一个位
置点上你能够感知的东西几乎是你在此能够阐述的东西）。所以，大爆炸被
排除在外，像我关于詹姆斯先生思想的指称物排除那只猫一样；昨天发生的
一切是如此，明天发生的一切也是如此；所有没有发生的一切都是如此，等
等。这些都不是目前可以感知到的。此外，正如我们现在所看到的，如果这
种核心情况是知觉性的，这会把乱七八糟的东西拖入一个透视观念中，这也
会很有帮助。你能（目前，视觉上）感知的东西依赖于从你当前的视角所可
见的东西。你视野之外的东西被排除在外，而你视野之内但在你和它们之间
的那些东西所掩盖的东西也是如此。

因此，出于各种原因，我们可以想象你处于一个圆的中心，其中包括你
现在可以从这里看到的所有东西，但只包括了你现在看到的东西，你处于一
个因果链的那个末端，这个因果链与圆的周长相交。根据假定，无论你当前
的知觉思想指称的是什么，都必须处于这个圆的那个链条的那些链接之中。
重复一遍，问题是：哪一个这样的链接呢？到目前为止，我们所做的最好的
事情就是，减少候选者的数量。

事实上，我认为唐纳德·戴维森提出的一个观念（然而，其目的完全不
207 同）提供了答案。我确实认为这让我很吃惊，因为总的来说，我并不太赞同
戴维森关于信念内容的观点，无论是知觉的还是其他的。

7.4　三角测量模式

当我读到戴维森时，他深深地陷入尝试找到一种先验论证：没有（至少有可能）彻底解释，就不能有任何意向内容；[①] 从中得到的一个论题是，正如我在上面所说的，这种意向东西的自治（不可还原性，无论如何）跟随得非常直接，正如这样的论断一样，即语言必须是认识论上的公共对象。

我认为，戴维森以为的是，他可能会在彻底解释的认识论条件中为他想要的论证找到根基：一个信息报告者的话语（/ 思想）所能拥有的任何内容，都必须事实上为一个"彻底解释者"所接触；也就是说，对于只从逻辑和方法论的一个先验原则出发的解释者来说是可接触的，并且其经验数据由关于信息报告者与他所处环境的可观察交互的信息所构成。[②] 我想戴维森认为的是，他能够依赖这一点，因为从这个彻底解释者的认知立场出发的解释，将是一种语言能被习得的一个条件，并且他理所当然地认为，学习这种语言的语义学是学习第一语言的一个本质部分。简而言之，由于这个彻底解释者被假定占据的认知立场，是被假定与儿童实际学习语言的认知立场相同，并且从该立场学习一种语言，这必须是可能的。既然如此，彻底解释可能性的任何先验结果都必须为真。（我曾经问戴维森，为什么在所有的经验学科中，只有语义学被贴上了这种先验认知约束标签；毕竟，是否一座山中有一个洞穴，这取决于处于一个彻底地形学家认知立场的某人能否在那里找到一个洞穴，这不是貌似合理的。戴维森回答说"语言是特殊的"。我想他的意思是，关于语言的理论与可习得性的理论联系在一

208

---

① 也许，这不是戴维森想要被解读的方式；我听他说过，他对先验论证没有兴趣。所以要么我对他的文本分析有误，要么戴维森对他的论证有误。目前的考虑不依赖于选择。

② 尤其是，戴维森的彻底语言学者不能对本土信息提供者的命题态度内容作出任何非常丰富的假设，因为对戴维森来说，对信息提供者的语言进行彻底解释问题本质上等同于识别其信念、愿望等内容。

起，而地形学理论则不是。理所当然地认为，存在一些认识论上有趣的意义，在这种意义上第一语言被习得，这使许多哲学家和许多心理学家感到悲伤。见第 5 章。）

让我们假定所有的这些或多或少是正确的，或者它可能通过适当的修补或多或少能使得其是正确的。[①] 现在，由于戴维森心目中的彻底解释理论是一种指称因果理论，它拥有通常的"哪个链接"问题（事实上，戴维森完全认识到了这一点）。那么，有关内容的可能性蕴含有关彻底解释的可能性，在这种有关内容的说明上该问题是如何被解决的？

假设当我们都在花园里闲逛时，我是一名语言学家，想要解释亚当在某个场合下所说的话。假设一条巨大的、毛茸茸的、丑陋的蛇突然出现在了视线里。[②]（为了简化起见，我们可以规定，没有其他令人感兴趣的事情同时发生。）于是亚当用他的母语说了一句话，我也同样用我的母语说了一句话。戴维森所说的"三角测量"时机现在已经成熟了。

非常接近的是，在这里我如何认为这个三角测量是被假定运作的。我意识到，我在这种被想象情形中所说的词汇意指（在我的母语中）某个东西，比如消失，这条巨大的、毛茸茸的、丑陋的蛇。确实，我言说这些语词形式的意图正是为了表达我的愿望：在讨论中巨大的、毛茸茸的、丑陋的蛇应该消失。[③] 因此，我正在谈论所关于的东西存在于从这条蛇到我的一条因果链上，就像一个指称因果说明所要求的那样。到目前为止，这还不错。但请注意，我已经运用到我自己作为解释者的这种推理，同样运用于亚当作为信息报告者的推理；或者至少在我看来，在假定我试图解释亚当的话语时，这样做是合理的。毕竟，考虑到亚当和我是同一种生

---

① 也许我应该再说一遍，我不相信这种事。我所做的是勾勒出一系列假定，戴维森关于三角测量的描述似乎就是从这些假定中产生的。

② 斯纳克：蛇有毛发吗？
　作者：这是一条哲学家的蛇。哲学家的蛇有毛发，如果哲学家说它有毛发的话。

③ 就一个人自己的言述话语方面来说，戴维森似乎并不思考有关彻底解释的一个问题。我不清楚他有没有权利不这么思考。

物，他说他所做的带有意图的事情，是为了表达那条蛇应该消失的那个愿望，这是彻底地貌似合理的。尽管如此，我完全有理由认为，亚当言说的语词形式是他的语言言说者所使用的那种形式，当一种想要摆脱蛇的愿望出现时。

所以我能够进行三角测量说明。也就是说，我可以合理地假定，从那个知觉视界到我的言说话语的一条因果链，会与从那个知觉视界到亚当的言说话语的一条因果链相交，并且它会在那条蛇那里发生交集。简单来说，这个想法是，当一个说话者和一个解释者被迫说出相同类型的标记时，这个说话者思想对象（/他的言说话语的指称物）的那个链接，是从这个世界到该说话者（/思考者）的那个因果链与从这个世界到他的解释者的那个因果链相交的链接。当然，其他条件不变。

实质是，在被想象的这种情形下，我拥有更多可用信息来解释亚当的言说话语，而不是最初出现的情况。加上我对他所用语词形式和他所使用环境的观察，我也知道我自己对他所处情形的反应。因为我知道，我可以通过使用他所使用语词形式来推断出亚当可能已经说了什么，从而推断出这种语词形式在他的语言中可能是什么意思：① 它很可能与我的语言中言说话语的意思相同；也就是说，消失，巨大的、毛茸茸的、丑陋的蛇。而且，鉴于亚当和我正在指称那条蛇，这个因果理论允许我推断那条蛇是在导致他的言说话语的那条因果链上的，也是在导致我的言说话语的那条因果链上的。尤其是，它是在那些因果链相交的那个链接上的。如果这条推理链不可靠，（在形而上学和认识论方面）我就不可能解释亚当所说的话，也不可能让处于我的立场的一个孩子能明白亚当所说的语词形式意味着什么；总的来说，亚当语言的指称语义学是不可能存在事实依据的。所以，我想戴维森也是这

210

———

① 然而，是否解释者真地能够在这些具备任何显著可靠性情况下得出这种推理，这是一个经验性问题；事实上，有证据表明，他们不能。S 在猜测一个说话人可能正在说什么方面表现得出奇糟糕，即使在合理的情况下这个说话人正在说他和解释者所分享的那种情况也是如此；这对于动词的解释尤其为真（见格利特曼等人，2005）。

么想的。①②

这里有一些典型段落文字。③

这一点应该是很清楚的［原文如此］，如果我们有任何想法，我们必须意识到。两个人和一个共同世界的基本三角形关系。如果我能思考，我知道还有其他人和我有一样的想法，我们居住在一个充满对象和事件……的公共时空中……（第86页）我已经描述的三角形关系代表最简单的人与人之间的关系情形。在其中两个（或更多）生物各自将自己对外部现象的反应与另一个的反应联系起来……互动，三角测量……给予我们唯一的解释：经验如何给予一个特殊的内容到我们的思想。如果没有其他生物与我们分享对共同环境的反应，我们就无法回答正是什么在这个我们对之反应的世界中。（第129页）这个儿童发现：桌子是相似的；我们发现：桌子是相似的。现在对于我们来说，把这个儿童对桌子的反应称为儿童反应，这是说得通的。鉴于这些反应模式，我们可以为激发这个儿童反应的刺激指定一个位置……它是三角测量的一种形式：一条线从孩子的方向指向桌子的方向，一条线从我们的方向指向桌子的方向，第三条线在我们和孩子之间。（第119页）

在戴维森文集中还有更多类似的内容，但这应该足以让人感受到这个问题。

嗯，正如读者所预测的，我认为对此的每一个字都是假的。特别是，我不认为学习一门语言与将语言反应与公开可用的刺激关联有什么关系；我怀疑是否存在或可能存在一种解释理论，就像戴维森所想到的那样。而且（这

---

① 因此有一个哲学笑话："问：看到一棵树需要多少哲学家？答：确切地说，需要很多：一个哲学家观察这棵树，另一个哲学家解释观察这棵树的人，还有一个哲学家解释解释观察这棵树的人，等等。我想你不会觉得这个笑话很好笑。哲学上的笑话通常不好笑。

② 戴维森似乎还认为，解释的三角测量重要性为语言本质上的"社会"特征提供了一个先验论证；一种"私人语言"的事后论证。我不打算考虑这个提议，因为它与这本书无论好坏所承诺的认知的计算描述公然不相容。

③ 据我所知，戴维森并没有提供完整的三角测量。文中的引文是从他2001年转载的零星论文中挑选出来的，我引用了这些文章。

一点很重要）我不明白为什么任何实际的解释者都必须参与到匹配意义的过程当中。一个分享亚当心理学的反事实解释者难道不会做得很好吗？[①] 实际上，如此做的其他一个人就是亚当本人，只是处于反事实的环境中，这不也是可以的吗？[②] 在这种情况下，对一个解释者的先验要求，即使在某种程度上它可以被证明是合理的，也不足以显示解释本体论必须要求更多的一个人状态。尤其是，指称内容可能并不比自言自语本质上更"公开"。

212

　　我们现在将转向这最后一条思路。仅此而已，虽然戴维森所说的、依赖于三角测量的、关于解释的东西似乎在几个地方出现纰漏了，但我认为像三角测量这样的东西可能有助于解决"哪个链接"问题；正如我们所看到的，这是一个问题，即任何可行的指称因果理论，无论是戴维森的还是其他人的，无论怎样都必须设法解决这个问题。

　　很好。因此存在亚当，存在那条蛇，并且亚当言说，如同说"加瓦斯纳克（Gavasnake）"。我想当然地认为（根据先前宣布的假定），亚当的言说话语表达了一种知觉信念，并且它所表达的这种知觉信念指称一条因果链中的一个链接，这条因果链始于亚当的知觉视界，终于他的言说话语。它指的是哪个链接？假定它指称那条蛇，或者在那个场景中出现的那条蛇。[③] 从形而上学的角度来看，是什么决定了它这样指称？我只是跟着戴维森的思路（我想象，尽管没有到达他所希望的任何地方）。

　　假设我们用一条线来表征亚当话语的因果历史，这条线经过它的指称

---

① 我喜欢反事实，但许多哲学家怀疑它们能承受多大分量。然而，我认为戴维森自己也免不了要在它们身上花很多功夫。许多想法实际上没有被表达出来，而许多话语实际上也没有被解释出来。天上没有一个伟大的解释者，可以像上帝解释贝克莱的桌椅那样，解释它们的意向内容；也就是说，当周围没有其他人这样做时支持他们。反事实似乎像解释本体论的唯一候选项。这其中的一些影响是非常深远且令人惊讶的（见福多，2008）。

② 或者是亚当自己的"相反部分"，如果你喜欢这种做事方式。

③ 我建议不要担心指称本体论；例如，关于亚当的指称是指向一个事件，还是指向一个对象，或者两者都指向，或者两者都不指向。事实上，我认为回答这个问题需要的信息比我关于亚当的论述到目前为止所假定的要多。但没关系。（或者，如果您不介意的话，请参阅福多 1994 年的一些讨论。）

物，在某处或其他地方与其知觉视界相交，称之为"亚当线"。亚当线上的每一点都对应于他说话的一个（或多或少的）原因。目前的问题是：这个因果链中的哪个链接是它的指称物？我认为戴维森的直觉是，这个答案取决于至少一个进一步参数的值；这个参数不是（完全）由亚当线决定的。而且，尽管我认为戴维森所说的关于三角测量的大部分内容不为真，但我认为这种直觉是准确的。为了（形而上学地）决定亚当思想的那个指称物，我们需要

213 另一条线。

　　哪条线？嗯，首先要整理一下；由于我们正在假定知觉信念的一个RTM模型，我们能够不再担心亚当所言说过的那个指称物，并询问这样的心理表征的那个指称物，其中有关这种心理表征的一个个例标记（在他的"知觉信念盒"中）导致亚当说出它：① 称之为"亚当的表征"。而且，既然我们试图匹配一个知觉信念的那个指称物，我们就能够从字面上讲亚当在他所面对的场景上的视角，把这称之为"亚当的视角"。

　　简而言之，这里有一个建议：想象一下，不仅存在实际上其所拥有该视角的一个真实亚当，而且还存在一个反事实的亚当（"亚当2"），他在真实亚当右边的三英尺处。亚当2对（真实的）视觉场景有一个（反事实）的视角；根据通常的（即真实）视差定律，它与亚当的视角不同。假定亚当2的个例标记的表征是与亚当相同类型的表征。从亚当2的个例标记开始画一条线，并表示它的因果历史（即如果亚当在反事实场景中处于亚当2所处的位置，亚当的个例标记将具有的因果历史），称这为亚当2的线。形而上学的问题是：给定这两个因果历史，来为这些标记的指称物求解。RTM允许我们这样做。它说，这两个标记具有相同的指称物当且仅当亚当的线和亚当2

---

① 这很有帮助，当然因为你实际上说什么（比如你实际上倾向于说的话）不仅取决于你的知觉信念的内容，而且取决于这个信念如何与你的其他信念、愿望等背景相互作用。这就是架构这个问题的方式之一，当一个说话者言说话语的解释（而不是对该说话者思想的解释）把你拖入整体主义时。我想当然地认为，整体主义是一个最好不要被拖入的地方。

的线相交于一个链接；它们的指称物就是它们相交的那个链接。

因此，亚当的话语所指称的东西，取决于关于这些因果链的反事实，其中这些因果链本来会导致在亚当说话时它可能所处的不同位置。至少，这种描述必须和戴维森的一样有效；如果戴维森论断：那个（真实的）亚当的链与他（真实的）解释者的线相交于那条蛇，这为真，那么出于同样的原因，我就有理由断言：亚当的实际线也会像图7.1一样，和亚当2的（反事实）线交于那条蛇。事实上，我的描述只是戴维森关于三角测量的描述，仅仅只是剥离了无关的假设。我不需要任何解释者作为亚当拥有内容思想的一个条件；关于亚当本人的反事实就可以了。相应地，我不需要承认可解释的语言实际上是认识论意义上公开的；所需要的只是一个说话者（/一个思想）所指称的东西，并不需要随着视角上(真实的或反事实的) 变化而变化。因此，与戴维森的想法不同，我的想法与人们在（事实上）一种私人语言中思考这样的观点是一致的。事实上，我完全相信他们确实如此。

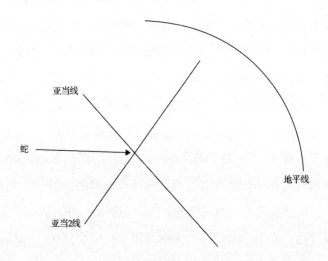

图 7.1 亚当和亚当2在一条蛇上形成三角测量关系。给定那个指称物所属的那个因果链，一个人能够推测出那个指称物是在该链上的哪个链接。这样，根据假设，亚当思想的那个指称物是在亚当线上的某个地方，并且亚当2思想的那个指称物是在亚当2线上的某个地方。那条蛇是满足这两个条件的那个唯一链接，所以它是这两个思想的指称物。

存在各种各样的警告，面对这些警告我或多或少不会再打扰你。例如，刚才概述的过程并不能概括化来匹配非知觉信念的那个指称物。大致上这是因为，在亚当的例子中，但不是在一般情况下，我们能够使用视角转换来挑出相关的反事实；如果亚当已经拥有一个不同的观点，那么其中相关反事实就为真。但是，如前所述，我很愿意假定，如果三角测量过程能够提供足够丰富的知觉表征词汇，亚当的其他概念就能够通过限定摹状词来引入。①

我没有给出任何这样的论证，即如果规范性问题和析取问题被解决的话，"哪个链接"问题就是对有关指称形而上学的一种因果链说明可能性的唯一反对意见。没关系；其他问题出现时，我们也会处理它们的。那么，这个讨论将我们留在了哪里？仔细想想，如果有的话，整本书将我们留在了哪里？如果指称主义为真并且心理语言指称的一种因果说明确实能被给予，那么列举一些可能为假的论题或许是有用的。它们几乎囊括了目前在哲学或认知科学中流行的所有关于心灵和语言的观点。

1. 实际上，近年来几乎所有哲学家都持反对意见（特别是，所有实用主义者都持反对意见；因此，奎因、戴维森、维特根斯坦、达米特、塞拉斯以及他们的追随者都持相反意见），指称在本体论上先于真；当然，这正是正确对待组合性、产生性、系统性及其类似物所单独要求的。那些否认指称在本体论上先于真的哲学家们已经把他们的形而上学与他们的认识论混淆了。可能是，在语言习得、彻底解释、彻底交流等过程中，（一些，简单的）句子的真值条件是被构建的，并且这种构建是先于构建什么东西指称什么东西的。（也许不是。如果你像我一样怀疑语言是被习得的，而且你怀疑可能存在一种彻底解释／翻译理论，你不会希望花太多时间来争论这个问题。）但是，任何关于

---

① 或许出现重复的是，所讨论的限定摹状词不需要对它们引入的表征进行分析；事实上，它们引入的表征很可能是初始的，因此是不可分析的。这样，通过三角测量所匹配其指称物的表征和通过描述引入其指称物的表征之间的区别不需要是原则性的，特别是，可以与表征的个体化问题没有特别的相关性。

本体论的先验东西都不会随之发生。

2. 不存在任何特别的理由来相信：指称是一种社会现象。在前面的概述中，一个"第二人称"解释者没有在任何一点上是被调用（invoked）的；无论何时，看起来像是，我们可能需要一个解释者的时候，事实证明，在一个反事实的情形下，这个同样的言说者（/思考者）也会做到很好。因此，一些语言被证明是私人的，这就不足为奇了；也许令人惊讶的是，并非所有语言都是如此。①

3. 不存在任何特别的理由来解释：为什么假设心理表征具有语义属性，这应该导致一个巨大的倒退。也许除了神经科学家之外，没有任何人曾经解释过心理表征。在任何情况下，这样的解释也不可能是把内容赋予在心理表征上的东西。一个心理表征的内容是它的指称物，而匹配它的指称物的东西是，它因果关联于这个世界的那个特征（the character）。

4. 不存在任何特别的理由来相信：公共语言中表达式的内容是形而上学地先于命题态度内容的。事实上，我们有充分的理由认为这是不可能的，以免让公共语言如何能被习得这种事情变得完全神秘。一般来说，学习需要思考。维特根斯坦的（和斯金纳的）想法是，学习一种第一语言在某种程度上是一种"训练"，从表面上看这是荒谬的（更不用说明显缺乏细节了）。例如，谁训练了你？

5. 不存在任何理由来相信：一个心理表征的内容（也就是它的指称物）与其在推理中的作用有关（只要它在推理中的作用与其在心理过程中的作用相一致；也就是说，与它在心理计算中的作用相一致）。同样，不存在任何理由来相信：一个心理表征的内容与其对其他心理表征的因果关联有多相关；所有重要的是，它与这个世界的因果关联。更重

---

① 使用一种语言进行交流需要执行某种程序，即说话者/听话者能够使用这些程序将这种语言翻译成思维语言，以及从思维语言中翻译这种语言。但这并不得出：为了存在一种思维语言，必须存在这样一个程序。

要的是，不存在任何理由来相信：意义的形而上学强加了一个"宽容"条件，或对信念归属强加了一个"理性"条件。

6. 不存在任何理由来相信：一个人的概念内容是由（例如）其行为能力的特征所决定的。实用主义为假。然而，内容决定心灵世界的因果关联（有时或总是）是被这样的行为能力练习所协调的，这一点仍然是悬而未决的。如果是这样的话，那么一个人所能够采取的什么行动（偶然地而不是形而上学地）与这个人的概念内容有关。①

7. 不存在任何特别的理由来假定：这种认知发展呈现出"阶段"性特点。据我所知，所有的经典版本（最值得注意的是，包括皮亚杰的版本）都依赖于假定心理表征的内容是随着这些阶段的变化而变化的东西，也依赖于假定内容随附于推理作用。根据目前的处理方式，这两种说法都不为真。

8. 不存在任何理由来假定："你如何思考"或"你能够思考关于什么"，这依赖于你言说什么语言。只有心理语言语义学才能决定一个人能思考什么，或者能思考关于什么，并且心理语言语义学是先于英语语义学的。

9. 不存在任何理由来假定：（然而，正如许多哲学家似乎是这么做的）阐述预设概念化；例如，如果你拥有归入其中的一个概念（或者，可能你相信归入其中），那么你就能够仅仅阐述某个东西。事实上，这种讨论的整个推进过程已经呈现出，这些先验东西走向了其反面：关系依赖于因果关系，反之不成立。当然，如果沿着 PT 路线的任何还原论方案要想落地，这是必不可少的。

---

① 但有一个警告。尽管命题态度所能拥有的内容没有任何理性（等）约束，但在一个命题态度具有是一个信念这个内容方面，很可能有这样的限制，这一点是开放的。相信可能是功能性被定义的，即使相信that P不是。你需要两个参数来具体化一个态度：大致来说，相信 that P 相较于期望（偏好、意指等）that P 和相信 that P 与相信 that Q。在未拥有真值的态度的情况下，宽容、理性以及类似物的条件如何适用，这从来都不是很清楚。

10. 实际上，我一直在告诉你的这个事情与泽农·皮利辛喜欢讲述的、关于 FINSTS 的事情相当吻合。FINSTS 是有关心理语言的、前概念的纯粹指示词。这个视觉系统使用它们来影响一种初始类型的指称；尤其是，在相当早期^①的视觉过程中用他们来挑选出那些末端对象。FINSTS 的工作方式是：它们被周围的事物和事件"抓住"（在以纯粹心理物理术语被假定可具体化的环境中，进而在其中并不预设概念化）^②，并且以经常容忍其目标的位置、速度、轨迹、颜色、外观形状，甚至由于视觉阻塞而出现的消失这些情况中的变化为方式，它们持续"坚持"着。如果皮利辛是正确的，你能够获得这种初始类型的指称，而无须概念应用到指称物上，那么在指称和概念化之间就存在一种内在关联，这种观念会最终证明不为真。在早期视觉中关于纯粹阐述如何运作方面，我不知道皮利辛对此的论述是否大致为真，但它肯定是相当吸引人的；如果对指称和概念化之间关系上先验约束的一个诉求能够反驳它，我会非常惊讶。^③

11. 也许根本不存在充分的理由来假设：英语根本上拥有一种语义学，可能唯一拥有的东西就是心理语言。如果这是正确的，那么通常所说的英语语句的"语义层面"表征（或其"逻辑形式"的表征）实际上不是这样的东西。更确切地说，它们应该被当作表征英文翻译成心理语言。当然，心理语言中一个语句的翻译并不比用法文翻译更能表征这个句子。除此之外，这样的假设就会是承诺过去它们被称为一个"范畴错误"的东西。

语言理论（如果不是对于语言实践来说）的影响（implication）可能

---

① 计算上的早期，而不是（或不一定）本体论上的早期，更不用说种系发育上的早期了。

② 有人在黑暗的房间里点燃了一支烟；所有人的眼睛都会反射地移动，以对准光线，以及 FINST 会被反射地指定。不需要刺激的概念化来协调这个过程；甚至不需要将刺激物概念化为光。在这种情况下，因果关系的方向可以说是从外到内，而不是从内到外；因此，当一个概念被赋予一个知觉时，它与我的假设相反。

③ 更不用说诉诸阐释与意识之间关系上的先验约束。比较坎贝尔（2002）。

是相当令人感兴趣的。例如，结果可能是，不存在任何诸如语义层面表征和句法层面表征之间的"那种界面（interface）"（因为不存在任何诸如语义层面表征这样的东西）。我们可能还要重新考虑以下传统观点，在前面的章节中，为了便于解释，我们接受了这种观点，即英语的内容是组合性的。（相比之下，心理语言表征的内容最好是出于所有这些熟悉的原因：产生性、系统性，等等。）如果结果是：心理语言是组合性的，而英语不是，那么很可能，并非每个心理语言语句都有对应的英语翻译。这很好。除了拥有实用主义信念的一位哲学家之外，谁会断定你能想到什么就能说什么呢？①

220

等等。如果大多数哲学家和认知科学家只相信 RTM 的一个严肃的、可自然化的、计算的视角会反驳之，而不相信还有许多其他东西，那么我会感到非常吃惊。

  斯纳克：如果只是我们拥有一个就好了。

   作者：如果只是我们拥有一个就好了。

---

① 更不可信的是，你能想到什么就说什么，这是先验的；例如，这会蕴含：动物根本不能思考任何东西。詹姆斯先生是目前居住在这里的家猫，它对这种轻视耿耿于怀。
  但动物不能像我们思考该词项那样的相同意义上思考。"那么，在该词项的什么意义上我们思考呢？大概正是'思考'的意义上，才会在其中'思考'意味着思考。当然，如果动物真地会思考，它们也必须在该词项意义上思考。不然呢？"

参考文献

Aizawa, K. (2003), *The Systematicity Arguments* (Dodrecht: Kluwer).

Amstrong, S., Gleitman L., and Gleitman, H. (1983), 'What Some Concepts Might Not Be', *Cognition*, 13:263-308.

Block, N. (1986), 'Advertisement for a semantics for psychology', in French et al. (1986).

Boghossian, P. (1997), 'Analyticity reconsidered', in Wright and Hale (1996).

Brandom, R. (2000), *Articulating Reasons* (Cambridge, Mass.: Harvard University Press).

Campbell, J. (2002), *Reference and Consciousness* (Oxford: Oxford University Press).

Carey, S. (1985), *Conceptual Change in Childhood* (Cambridge, Mass., MIT Press).

Carruthers, P. (2001), Review of Fodor, *The Mind Doesn't Work That Way, Times Literary Supplement*, 5 October, p.30.

Carnap, R. (1956), *Meaning and Necessity* (Chicago, Ill.: University of Chicago Press).

Churchland, P. S. (1987), 'Epistemology in the age of neuroscience', *Journal of Philosophy*, 84: 544-53.

Churchland, Paul (1989), *A Neurocomputational Perspective: The Nature of Mind and the Structure of Science* (Cambridge, Mass.: MIT Press).

Connolly, A., Fodor, J., Gleitman H., and Gleitman L. (2007), 'Why stereotypes don't even make good defaults', *Cognition*, 103/1: 1-22.

Cowie, F. (1999), *What's Within* (Oxford: Oxford University Press).

Davidson, D. (2001), *Subjective, Intersubjective, Objective* (Oxford: Oxford University Press).

Dennett, D. (1982), 'Beyond belief', in A. Woodfield (ed.), *Thought And Object* (Oxford: Clarendon).

Deutsch, J. A. (1960)，*The Structural Basis of Behavior* (Chicago, Ill.: University of Chicago Press).

Devitt, M., and Sterelny, K. (1987), *Language and Reality* (Cambridge, Mass.: MIT Press).

Dewey, J. (2002), *Human Nature and Conduct* (Mineola, NY: Dover).

Donnellan, K. (1972), 'Proper names and identifying descriptions', in D. Davidson and G. Harman (eds.), *Semantics of Natural Language* (Dordrecht: Reidel).

Dretske,F. (1981), *Knowledge And The Flow of Information* (Cambridge Mass.: MIT Press).

Dreyfus, H. (1978), *What Computers Can't Do* (London: Harper Collins).

Elman,J., Bates,E., Johnson, M., Karmiloff-Smith, A., Parisi, D.,and Plunkett, K. (1996), *Rethinking Innateness* (Cambridge, Mass.: MIT Press).

Fodor, J. (1968),'The appeal to tacit knowledge in psychological explanation', *Journal of Philosophy*, 65: 627−40.

——(1981), *Representations* (Cambridge, Mass.: MIT Press).

——(1990), *A Theory of Content* (Cambridge Mass.: MIT Press).

——(1994), *The Elm and the Expert* (Cambridge Mass: MIT Press).

——(1998), *Concepts*(Oxford: Oxford University Press).

——*The Mind Doesn't Work That Way* (Cambridge, Mass.: MIT Press).

——(2001),'Doing Without What's Within', *Mind*, 110/437: 99−148.

——(2008),'Against Darwinism', *Mind and Language*, 23/1: 1−24.

——(2004),'Language, thought and compositionality', *Mind and Language*, 16/ 1: 1−15.

Fodor, J., and Lepore, E. (1992), *Holism* (Oxford: Blackwell).

—— 'The Emptiness of the Lexicon', *Linguistic Inquiry*, 29/2: 269−88.

Fodor, J., and Lepore, E. (2002)，*The Compositionality Papers* (Oxford: Oxford University Press).

——(2007), 'Brandom Beleaguered', *Philosophy and Phenomenological Research*, 74/3: 677−91.

——(2002) (eds.), *The Compositionality Papers* (Oxford: Clarendon).

Fodor, J., and McLaughlin, B. (1990), 'Connectionism and the Problem of Systematicity: Why Smolensky's Solution Doesn't Work', *Cognition*, 35: 183−204.

Fodor, J., and Pylyshyn, Z. (1988), 'Connectionism and Cognitive Architecture: A Critical Analysis', *Cognition*, 28: 3−71.

Forster, K. (1998), 'The Pros and Cons of Masked Priming', *Journal of Psycholinguisic Research*, 27: 203−33.

French, P., Uehling, T., and Wettstein, H. (1986) (eds.), *Midwest Studies in Philosophy*, 10 (Minneapolis, Minn.: University of Minnesota Press).

Gibson,J. J. (1966), *The Senses Considered as Perceptual Systems* (Boston, Mass.:Houghton Miffin).

Gleitman, L., Cassidy, K., Nappa, R., Papafragon, E., and Trueswell, J.(2005), 'Hard words', *Journal of Language Learning and Development*, 1/1: 23−64.

Glymour, C. (1996), 'Why I am Not a Baysean', in Papeneau (1996).

Harris, Z. (1988), *Language and Information* (New York: Columbia University Press).

Hume, D. (1739/ 1985), *A Treatise of Human Nature* (London: Penguin).

Jackendoff, R. (1993), *Languages of the Mind* (Cambridge, Mass.: MIT Press).

Kim,J. (1992), 'Multiple Realization and the Metaphysics of Reduction', *Philosophy and Phenomenological Research*, 52: 1−26.

Kofka, F. (1935), *Principles of Gestalt Psychology* (New York: Harcourt).

Kripke, S. (1979),'A puzzle about belief', in A. Margalit (ed.), *Meaning And Use* (Dordrecht: Reidel).

Ledoux, J. (2002), *The Synaptic Self* (NY: Viking).

Lewis, D. (1972), 'Psychophysical and Thecretical Identification, *Australasian Journal of Philosophy*, 50: 249−58.

Loewer, B., and Rey, G. (1991) (eds.), *Meaning In Mind: Fodor And His Critics* (Oxford: Blackwell).

Macdonald, C., and Macdonald, G. (1995), Connectionism (Cambridge, Mass.: Blackwell).

Margolis, E. (1999), 'How to acquire a concept', in E. Margolis, and S. Laurence (1999).

Margolis,E.,and Laurence,S.(1999), *Concepts: Core Readings* (Cambridge, Mass.:MIT Press).

Mates,B.(1951), 'Synonymity', in *Meaning and Interpretation*, University of California Publications in Philosophy,25:201 − 6.

McDowell, J.(1994), *Mind and World* (Cambridge, Mass.:Harvard University Press).

Miller, G. (1956),'The magical number seven plus or minus two', *Psychological Review*, 63/2:81 − 96.

Miller,G., Galanter,E.,and Pribram, K.(1960), *Plans and the Structure of Behavior* (New York: Holt, Reinhart & Winston).

Miller, G.,and Johnson-Laird,P. (1987), *Language and Perception* (Cambridge,Mass.: Belknap).

Murphy, D. 'On Fodor' s Analogy', *Mind and Language*, 21/5, 553 − 64.

Osgood, C., and Tzeng, O. (1990), *Language, Meaning and Culture* (Westport, Conn.: Praeger).

Osherson, D, and Smith, E.(1981), 'On the adequacy of prototype theory as a theory of concepts', *Cognition*, 9: 35 − 58.

Papineau, D. (1996) (ed.), *The Philosophy of Science* (Oxford: Oxford University Press).

Pears, D.(1990), *Hume's System* (Oxford: Oxford University Press).

Pigliucci, M., and Kaplan, J.(2006), *Making Sense of Evolution* (Chicago, Ill.: University of Chicago Press).

Pinker, S. (2005),'So how does the mind work?', *Mind and Language*, 20/1: 1 − 24.

Prinz,J. (2002), *Furnishing the Mind* (Cambridge,Mass. : MIT Press).

Putnam, H. (2000), *The Threefold Cord: Mind, Body and World* (New York: Columbia University Press).

Pylyshyn, Z. (2003), *Seeing and Visualizing* (Cambridge, Mass: MIT Press).

Pylyshyn, Z.(1987) (ed.), *The Robot's Dilemma* (Norwood, NJ: Ablex).

Reid, T.(1983), *Thomas Reid's Inquiry and Essays* (Indianapolis, Ind.: Hackett).

Rhees, R. (1963), 'Can there be a private language?', in C. Caton (ed.), *Philosophy and Ordinary Language* (Urbana, Ill.: University of Chicago Press).

Rosch, E.(1973), 'On the internal structure of perceptual and semantic categories', in T. Moore (ed.), *Cognitive Development and the Acquisition of Language* (New York: Academic).

Ryle, G. (1949), *The Concept of Mind* (London: Hutchinson).

Sellars, W. (1956), 'Empiricism and the philosophy of mind', in *Minnesota Studies in the Philosophy of Science*, I (Minneapolis, Minn.: University of Minnesota Press).

Smith, E., and Medin, D. (1981), *Categories and Concepts* (Cambridge, Mass: Harvard University Press).

Smolensky, P. (1988), 'On the proper treatment of connectionism', *Behavioral and Brain Sciences*, : 11:1−23.

——(1995), 'Connectionism, Constituency and the Language of Thought', in C. Macdonald and G. MacDonald, (1995).

Sperber, D. (2002), 'A Defense of Massive Modularity', in Depoux (ed.), *Language, Brain and Cognitive Development: Essays in Honor of Jacques Mehler* (Cambridge, Mass.: MIT Press).

Sperling, G. (1960), 'The Information Available in Brief Visual Presentations', *Psychological Monographs*, 74: 1−29.

Treisman, A., and Schmidt, H , 'Illusory Conjuction in the Perception of Objects', *Cognitive Psychology*, 14/1: 107−42.

Wright, C., and Hale, B., (1996) (eds.), *A Companion to the Philosophy of Language* (Oxford:Blackwell).

索　引

(所标页码为原书页码，即本书边码)

责任编辑：刘海静

封面设计：姚　菲

图书在版编目（CIP）数据

LOT2：思维语言再探 / [美] 杰瑞·艾伦·福多著；
宋荣，宋琴，臧炎君译 . -- 北京：人民出版社，2025. 5.
ISBN 978－7－01－027226－9

I. B804

中国国家版本馆 CIP 数据核字第 20252XQ788 号

书名原文：LOT 2:THE LANGUAGE OF THOUGHT REVISITED

北京市版权局著作合同登记号：01-2021-4013

LOT2：思维语言再探
LOT2：SIWEI YUYAN ZAITAN

[美]杰瑞·艾伦·福多　著

宋荣　宋琴　臧炎君　译

人民出版社 出版发行

（100706　北京市东城区隆福寺街 99 号）

北京汇林印务有限公司印刷　新华书店经销

2025 年 5 月第 1 版　2025 年 5 月北京第 1 次印刷

开本：710 毫米 ×1000 毫米 1/16　印张：14

字数：238 千字

ISBN 978－7－01－027226－9　定价：85.00 元

邮购地址 100706　北京市东城区隆福寺街 99 号

人民东方图书销售中心　电话（010）65250042　65289539